세상을 바꾼
경이로운 나무들

크리스티나 해리슨 · 토니 커크햄 지음

김경미 옮김

이상태 감수

사람의무늬

Remarkable Trees by Christina Harrison and Tony Kirkham

Remarkable Trees © 2019 Thames & Hudson Ltd, London

Text and Illustrations © 2019 the Board of Trustees of the Royal Botanic Gardens, Kew

This edition first published in Korea in 2020 by Sungkyunkwan University Press, Seoul

Korean Edition © 2020 Sungkyunkwan University Press

This translation published under license with the original publisher Thames & Hudson Ltd, London through AMO Agency, Seoul, Korea

그림 설명

1쪽 그림: 소코트라 섬의 신기한 용혈수, 2쪽 그림: 터키 참나무(세부 묘사) by Masumi Yamanaka, 차례: 5쪽 육두구, 개암나무, 뽕나무, 6쪽 미송, 참나무, 피칸 7쪽 유럽밤나무

세상을 바꾼 경이로운 나무들

1판 1쇄 인쇄 2019년 12월 15일

1판 1쇄 발행 2020년 2월 21일

지은이	크리스티나 해리슨 · 토니 커크햄
옮긴이	김경미
펴낸이	신동렬
책임편집	구남희
편집	현상철 · 신철호
디자인	장주원
마케팅	박정수 · 김지현

펴낸곳	성균관대학교 출판부
등록	1975년 5월 21일 제1975-9호
주소	03063 서울특별시 종로구 성균관로 25-2
전화	02)760-1253~4
팩스	02)760-7452
홈페이지	http://press.skku.edu/
ISBN	979-11-5550-344-7 03480

잘못된 책은 구입한 곳에서 교환해 드립니다.

차례

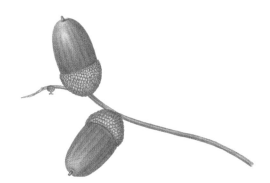

서문

나무는 오랫동안 우리에게 중요한 존재였다. 나무가 가진 본연의 아름다움과 특성 때문이기도 하지만 먼 옛날부터 인류의 생존에 여러모로 중심이 되어왔기 때문이다. 수천 년을 거치며 나무는 우리와 공존해왔고 지금도 먹을 것과 잠잘 곳, 영감을 제공하고 있다. 나무는 우리 삶에 꼭 필요한 많은 것을 공급해준다. 식량, 약재, 목재, 오일, 수지, 향신료, 그뿐 아니다. 산소를 공급하고, 온실가스 흡수원 역할을 하며, 토양 침식을 억제하고, 오염 물질을 가두며, 수질을 향상시키고, 기후변화를 완화하는 역할도 한다. 과학자들은 이러한 혜택을 흔히 '자연 자본(natural capital)'이라고 부른다. 이와 같은 실익 외에도, 나무는 노래, 시, 이야기, 미술의 대상이었으며, 오늘날 우리의 종교, 민속, 관습에 녹아들어 있다. 나무는 자연과 우리의 과거를 잇는 직접적인 역할을 하며, 우리의 상상과 기억에 강력한 영향을 미칠 수 있다.

나무에 대한 가장 일반적인 식물학적 설명은 '자급자족하는 다년생 목질 줄기를 가진 식물'이다. 키와 나이에 대한 제한은 없다. 실제로 어떤 나무들은 관목이나 왜소목으로 자라고, 수명이 매우 짧은 것도 있다. 나무에 대한 정의는 해석하기 나름이며 다양한 설명을 찾아볼 수 있다. 따라서 전 세계 수종의 총수를 인용할 때 약간의 차이가 있을 수 있다. 이 책에서 우리는 나무의 구성요소를 좀 더 넓게 정의하기로 하고, 몇몇 야자수도 포함시켰다. 야자수는 줄기에서 이차 생장을 하지 않기 때문에(따라서 외떡잎 식물) '목본'이라고할 수 없는 데도 말이다. 하지만 코코넛처럼 자급자족하는 다년생 종들이 서식지에서 목본성 나무와 매우 비슷한 역할을 하고 있기에 우리는 이 야자수들의 흥미로운 이야기를 포함하였다.

나무는 매우 다양한 식물 집단으로, 세계 각지에서 각양각색의 형태와 크기로 발견되며, 광범위한 서식지에서 자라고 있다. 자작나무처럼 아(亞)북극 주변(sub-arctic)에서 자라는 왜소한 툰드라 유형에서 마호가니처럼 높이 솟은 열대 활엽수에 이르기까지, 소코트라의 척박한 환경에서 자라는 용혈수에서 바닷물에서 행복하게 살아가는 맹그로브에 이르기까지, 현재 전 세계에 약 60,000종의 나무가 있는 것으로 추정된다. 나무는 진화의 경이로운 사례로

역사를 거치며 우리는 주변의 나무들이 가진 본연의 아름다움과 실용성을 발견해왔다. 나무는 우리에게 안식처를 제공하고 우리를 따뜻하게 해줄 뿐 아니라, 인간과 동물에게 다양한 먹거리를 공급해왔다. 과거에는 방목 돼지들이 참나무숲에 떨어진 도토리를 찾아다녔으며, 지금도 그렇게 하는 곳이 있다.

서 다양한 기후, 토양, 강우량, 그리고 생존 가능한 그 어떤 틈새에도 적응하며 지난 36억 년을 진화해왔다. 이와 같은 진화의 여정을 통해 나무는 특별한 적응력을 가질 수 있게 되었다. 그중에는 포식자를 단념시키거나 상처를 치유할 수 있는 수지와 수액도 있고, 종자의 확산을 증진시키는 매력적인 과일도 있다(나무가 우리에게 유용한 이유도 바로 이것이다).

우리 삶에서 나무를 지극히 일상적인 것, 그저 녹색의 배경쯤으로 여기는 경우가 허다하다. 그러나 나무를 당연한 것으로 여겨서는 안 된다. 큐 왕립식물원 같은 수목원이나 식물원을 가는 것은 손에서 내려놓을 수 없는 좋은 책을 체험하는 것과 같다. 그 책에는 페이지마다 나무가 그려져 있고 페이지마다 재미있는 이야기가 담겨 있다. 이 책을 통해 독자 여러분이 전 세계 주요 서식지를 대표하는 60종 이상의 특별한 나무와 좀 더 가까워지길 바란다—경이로운 나무로 불릴 만한 일부 종뿐이긴 하지만 말이다. 또한 나무는 수세기에 걸쳐 예술가, 탐험가, 식물학자 들에게 똑같이 영감을 주었다. 이 책에는 큐 왕립식물원의 도서관과 방대한 컬렉션 가운데 수종을 묘사한 최고의 삽화들이 수록되어 있다.

나무의 가치와 중요성을 판단할 수 있는 방법은 수없이 많다. 우리는 건축과 창작에 셀 수 없이 다양한 나무를 이용하며, 나무의 어느 부분이 맛있고, 어떤 나무가 사람을 죽이거나 치료하는지, 그리고 어떤 종이 우리의 삶에 색채와 영성을 더해주는지 발견해왔다. 이러한 나무들 가운데 많은 수가 역사의 흐름을 바꾸었으며 우리의 문화, 경제, 사회에 추가되어 왔다. 그리고

서문

위 사고야자는 말레이시아와
인도네시아 전역의 많은
이들에게 중요한 식량원이며,
열대지역에서 식량으로 개발 및
이용된 최초의 작물 중 하나로
여겨진다.

맞은편 육두구가 한때 대단히
귀중해지면서 인류 역사의
흐름을 바꾸었다. 수천 명이
육두구 무역을 통제하기 위한
싸움에서 목숨을 잃었으며,
육두구가 금보다 더 높은 가치를
가진 시절도 있었다.

이 모든 나무가 흥미로운 이야깃거리를 가지고 있다. 예컨대, 육두구가 한때
는 금보다 가치 있었다는 사실을 아는가? 그리고 야생 유향나무가 지금도 자
라고 있는 곳이 어디인지, 세계 최초의 크리스마스 선물이기도 했던 이 값비
싼 수지가 어떻게 해서 아직도 수확되는지 알고 있는가? 또는 세계에서 가장
큰 열매를 맺는 나무는 무엇인가? 그 아래 앉아 있는 것만으로 심한 두통을
초래하는 나무는 무엇이며, 세 시간 만에 사람을 죽일 수 있는 나무는 무엇인
가? 이 책에 그 모든 답이 있다.

안정, 위엄, 장수의 상징인 나무는 지구상에서 가장 나이 많고, 가장 크고,
가장 인상적인 생물로, 우리와는 다른 시간의 척도 위에 존재하는 것처럼 보
인다. 이 책을 통해 여러분은 세계에서 가장 경이로운 나무들 중 일부를 만날
수 있을 것이다. 주목과 브리슬콘소나무는 최고령으로 알려진 생물에 속하는
반면, 세쿼이아(redwood)와 유칼리나무는 최장신의 나무들 사이에서도 더 높
이 솟아 있다. 퀴닌, 초콜릿, 올리브, 흑단이 높은 가치를 가지게 되면서 각각
의 나무들도 수요가 높아졌고, 벵갈고무나무와 바오밥 같은 나무들은 여전히
숭배의 대상이 되고 있다.

현재 8,000종 이상의 나무들이 멸종 위기에 처해있으며, 생존이라는 절
체절명의 위기에서 아슬아슬하게 버티고 있는 것으로 추정된다. 종의 멸종은
그 종이 진화해온 서식지와 생물들 간의 유기적인 관계에서 필수 요소의 상

맞은편 벵갈고무나무는 식물
세계의 거인이다. 이 나무는
힌두교에서 신성시되며
인도에서는 신념의 상징이다.

아래 나무는 지상에서 가장
커다란 생물에 속한다. 미국
캘리포니아에 서식하는
미국삼나무와 세쿼이아나무는
지구상에서 가장 크고 아름다운
나무로 여겨진다.

실을 의미하므로, 그 어떤 종의 멸종도 비극적이다. 나무는 우리의 번영과 생존을 돕기도 하지만, 안정된 생태계를 떠받치는 기둥이자 수많은 생명체를 부양하는 방대한 생태적 네트워크의 일부이기도 하다. 나무가 없으면 곤충, 조류, 포유류부터 균류와 박테리아까지, 생태계의 많은 것들이 완전히 사라질 것이다.

우리는 독자 여러분이 이 책을 통해 나무의 경이로움과 중요성을 깨닫고 전 세계에 얼마나 다양한 나무가 있는지 헤아려 보기를 바란다. 이 책을 보면 나무가 우리를 풍요롭게 한다는 것과 우리가 왜 나무를 돌보아야 하는지 명확하게 알 수 있다. 나무는 우리의 삶과 문화, 우리의 과거와 미래에 모두 깊숙이 연관되어 있기 때문이다.

서문

레바논 백향목, *Cedrus libani*

건축과 창작

거대한 참나무에서 단단한 주목과 쓸모 많은 개암나무에 이르기까지, 인류사를 통틀어 나무는 우리에게 건축과 창작활동에 필요한 재료를 제공해왔다. 우리는 목재를 이용해 단출한 집과 웅장한 홀, 엄숙한 사원을 건축했으며, 삶을 좀 더 편하게 해주는 울타리, 바구니, 가구, 카누, 마차도 만들었다. 나무는 무역과 신대륙 정복을 통해 문명의 확산에 단초가 된 배와 무기를 만드는 데도 긴요했다. 나무로 만든 종이는 종이 두루마리와 책, 그림을 제작하는 데 사용되어 세상을 계몽시켰다.

다양한 수종의 목재를 통해 힘겹게 성취한 경험과 다양한 용도에 대한 지식이 세기를 거치며 전수되었다. 그래서 오늘날 우리는 참나무로 지은 집이 오래 가고, 유럽밤나무는 울타리 기둥과 술통 제작에 알맞으며, 아까시나무가 내구성 좋은 바닥재가 될 수 있다는 것을 안다. 시트카가문비나무는 가장 활용도 높은 목재 중 하나로, 모자와 밧줄에서 피아노와 기타, 배와 비행기에 이르기까지 전방위적으로 사용된다.

주목은 한때 영국에서 활 제작에 선택되는 목재였고, 그 밖에 많은 나무가 특별한 목적과 상징성 때문에 예로부터 중요했다. 백향목은 이집트의 대피라미드 옆에 묻힌 것에서 알 수 있듯 고대에 사원과 배를 짓는 최고의 목재로 인정받았다. 일본에서는 참오동나무가 고급 악기와 신부의 지참금 상자를 만드는 데 쓰인다. 마호가니 가구와 상감세공은 한때 사회적 지위와 부의 표시였다. 나무를 가장 구체적으로 사용하는 경우는 특정 유형의 버드나무(크리켓 배트 버드나무)로 크리켓 배트를 만드는 일일 것이다. 우리가 나무로부터 활용하는 것은 목재만이 아니다 - 코르크참나무 껍질이 생활필수품인 병마개를 포함하여 다양한 방식으로 사용되고 있는 것처럼 말이다.

과거 세대는 나무에서 계속하여 수확물을 얻기 위해서는 산림지 조성이 중요하다는 것을 알았다. 더불어 관리만 잘 하면 산림지가 얼마나 훌륭한 자원이 될 수 있고 공동체 번영의 지표가 될 수 있는지 잘 알고 있었다. 최근에는 다른 합성 물질을 이용할 수 있게 되면서, 우리는 나무에 직접 의존하지 않게 되었고 나무와의 깊었던 관계도 약간은 소원해졌다.

하지만, 우리의 생존에 나무가 얼마나 중요한지 깨닫기 위해 굳이 멀리 볼 필요도 없다. 우리는 계속해서 나무로 집을 짓고, 가구를 만들며, 책과 조각품, 심미적 가치가 뛰어난 물건을 만든다. 우리가 지금도 계속해서 수천 년 전의 전통을 볼 수 있고, 심지어 만질 수도 있다면, 우리와 나무의 관계도 회복할 수 있지 않을까.

레바논 백향목
Cedar

Cedrus libani, C. deodara, C. atlantica

층층이 수평을 이룬 가지들이 사방으로 넓게 펼쳐진 위풍당당한 건축용 나무, 레바논 백향목(cedar of Lebanon, *Cedrus libani*)은 세계 최초로 추정되는 문헌에 등장할 만큼 인류 역사에서 특별한 위치에 있다. 『길가메시 서사시』는 기원전 2,000년경에 쓰인 고대 수메르인의 시로 영웅인 길가메시 왕의 이야기를 담고 있다. 이야기 속에서 왕은 일행인 엔키두와 함께 괴물 훔바바를 물리치기 위해 백향목 숲으로 떠나고, 그곳에서 훔바바를 죽인 후 많은 백향목을 베어버린다.

레바논 백향목은 권세와 아름다움의 상징으로 성서에 여러 차례 등장한다. 이 나무에는 의학적 효과도 있다고 여겨졌다. 예를 들면, 구약에서 하나님은 모세에게 명하여 목자들로 하여금 나병을 치료할 때 백향목을 필수 재료로 삼게 한다. 레바논 백향목 목재는 견고성, 향기, 내구성뿐 아니라 결이 고운 아름다운 목재에 생기는 해충에도 내성이 있어 페니키아, 이스라엘, 이집트, 바빌로니아, 페르시아, 로마 등 많은 고대인들의 선택을 받았다.

솔로몬왕은 예루살렘에 자신의 신전을 지을 목적으로 레바논에 사람을 보내 이 나무 목재를 가져오게 했다. 페니키아인들은 레바논 백향목으로 만든 상선을 통해 세계 최초의 해상무역 국가가 되었으며, 기원전 2,500년경 기자에 위치한 쿠푸 왕의 대피라미드 옆에 묻힌 배는 거대한 백향목 목재로 건조되었다. 이집트 인들은 미라를 만드는 과정에 이 나무의 수지를 사용하기도 했다. 훗날, 로마의 저술가 비트루비우스(Vitruvius)는 고대 세계 7대 불가사의 중 하나인 에페소스의 디아나 신전 지붕이 백향목으로 지어졌다고 말했다.

이 웅장한 상록 침엽수는 높이 35m까지도 자라며 터키 타우루스 산맥, 시리아, 레바논을 포함한 지중해 동부가 원산지로, 이곳에서 가장 커다란 나

레바논 백향목의 타원형 솔방울은 가지 끝에서 발달하며, 대개 격년으로 열린다. 솔방울이 여물어 갈라지면 속에 든 씨앗이 방출된다.

건축과 창작

Pinus Cedrus.

Pinus Cedrus

레바논 백향목

CEDRVS foliis rigidis acuminatis non deciduis, conis subrotundis erectis Plant. fol. tab. 1.

a. juli gẽma; b. julus cum calyce provascens, c. idem per longitudinis medium dissectus, d. in magnitudine aucta; e. julus perfectus; f. ejus calyx persi—stens; g. calyx separatus a facie interiori, h. julus separatus et per longitudinis medium dissectus, i. ejus axis; k. stamina aliquot separata; l. stamen in magnitudine aucta cum filamento m. per brevi, anthera n. magna et o. ejus extremitatis squama, p. anthera transverse dissecta; q. julus aridus; r. stamẽ a facie superiori, s. in magnitudine aucta, t. a facie laterali, ū. inferiori, x. in magnitudine aucta; y. pars pollinis quem continet; 1. conus junior, 2. ejo calyx; 3. calyx separatus a facie externa, 4. interna, 5. ejusmodi conus per longitudinis medium dissectus, 6 ejus axis, 7. ejus par inferior, 8. axis denu—datus, 9. squamula separata a facie inferiori, 10. superiori, 11. conus paullo adultior, 12. coni maturi pars inferior, cujus squamis semina incumbunt, 13. e—jus axis, 14. squamarum una separata cum binis seminibus, 15. bina unius squama semina separata.

무들은 수천 년을 산 것으로 전해진다. 고향인 레바논에서 백향목 자연개체 군은 과거 과도한 목재 개발과 해충, 염소 방목, 현대 겨울 스포츠 활동이 초 래한 피해 때문에 그 수가 감소하면서 위기에 처해 있다. 레바논 산맥에 마지 막으로 남아 있는 숲은 '신의 백향목'으로 불리며 1998년 유네스코 세계 문 화유산 보호지역에 올라 보호를 받고 있다.

레바논 백향목이 유럽에 들어온 정확한 시기는 분명하지 않다.

영국에서는 옥스퍼드대학교 아랍어 학자이자 시리아에서 목사 생활을 한 에드워드 포칵(Edward Pococke)이 1638년 시리아에서 가져온 종자를 이용해 나무를 재배한 것으로 전해진다. 그 나무는 지금도 옥스퍼드셔에 생존해 있 다. 그때부터 이 백향목은 유럽 전역과 미국의 대형 공원 및 정원에서 다른 이 국적인 나무들과 함께 관상용으로 재배되고 있으며, 윌리엄 켄트(William Kent) 와 랜슬롯 '케이퍼빌러티' 브라운(Lancelot 'Capability' Brown) 같은 유명한 조경 사들은 확실하고 지속적인 효과를 위해 이 나무를 이용하였다.

레바논 백향목 외에 북반구에서 볼 수 있는 진짜 백향목 종에는 세 가지 가 있다. 세 종의 공통점은 수평으로 곧게 뻗은 가지, 바늘처럼 생긴 청록색 의 잎, 안에 씨가 들어 있는 타원형의 솔방울을 가지고 있다는 것이다. 아틀 라스 백향목(Atlas cedar, *Cedrus atlantica*)은 모로코와 알제리의 아틀라스 산 맥에서 자란다. 히말라야 백향목(deodar cedar, *Cedrus deodara*)은 히말라야 서 부가 원산지이다. 이 나무의 학명과 속명에 공통으로 들어가는 '*deodara*' 는 '신의 목재'라는 의미를 가진 단어로 산스크리트어, '*devadāru*'에서 파생 되었다('*deva*'는 신을, '*daru*'는 나무를 뜻한다). 히말라야 백향목은 파키스탄의 국 목이며, 레바논 백향목과 마찬가지로 잘 썩지 않고 나뭇결이 고와 광을 내기 쉬워서 신전 건축을 위한 목재로 수요가 높았다. 카슈미르의 유명한 스리나 가르 수상가옥들도 히말라야 백향목으로 지어지며, 항균 및 방충 성질이 있 어 인도 히마찰프라데시 주에 있는 심라, 쿨루, 키노르 지구에서는 이 나무를 이용해 고기 저장고와 곡식 저장고를 만들었다.

세 번째 종은 희귀한 키프로스 백향목(Cyprus cedar, *Cedrus brevifolia*)으로 키프로스 중앙, 트루도스 산맥의 작은 지역에서만 자생하는 고유종이다. 작 은 섬나라에 국한되어 있기 때문에 화재와 기후변화의 위협에 취약하여 심 각한 멸종 위기에 있다.

진짜 백향목(cedar)을 동일한 속명을 가진 다른 나무들과 혼동해서는 안 된다. 예컨대, 서양적삼목(Western red cedar)과 향삼목(incense cedar)은 진짜 백 향목이 아니고 각각 '*Thuja*'와 '*Calocedrus*'라는 완전히 다른 속의 종들이 다. 연필향나무(pencil cedar) 역시 다른 분류군인 '*Juniperus virginiana*'로, 통속명에서 알 수 있듯이 연필을 만드는 데 최적의 나무였던 시절이 있었으

레바논 백향목은 현재 고향인 지중해 동부에서 멸종 위기에 처해 있다. 반면에 다른 백향목들은 우아하게 뻗은 가지와 암녹색 잎을 가진 관상용 나무로 18세기부터 유럽의 큰 정원과 공원에 많이 심어졌으며, 많은 수가 여전히 생존해 있다.

바늘같이 생긴 백향목의 암녹색 잎들이 가지를 따라 무리지어 있다. 암꽃은 초록색 솔방울로 분화하고 익으면 갈색이 된다. 반면에 수솔방울은 꽃가루를 생산한다.

며, 향나무로 불린 이유는 진짜 백향목과 향기가 비슷하고 분홍빛이 도는 갈색 심재가 비슷했기 때문이다.

서기 2세기 초, 레바논 백향목을 높이 평가한 로마 황제 하드리아누스(Hadrian)는 지중해 동부에 경계석을 세우는 것으로 제국 소유의 백향목 보호구역을 설치하였다. 남아 있는 레바논 백향목을 보호하고 더 이상의 벌목을 금지하기 위해서였다. 안타깝게도 2013년 이후, 백향목 가운데 특히 공원과 정원에서 자라는 아틀라스 백향목과 히말라야 백향목이 새로운 위기에 처하게 되었다. 나무의 상층부 잎이 분홍색에 이어 갈색으로 변했다가 마침내 잎마름병이 나타나는 균(Sirococcus tsugae)에 의한 질병 때문이다. 기후변화 또한 레바논 백향목이 자연 서식지에서 번성하기 위해 필요한 습하고 서늘한 환경에 영향을 미치는 위협적인 요소가 되고 있다. 현재 레바논에 있는 백향목 숲을 다시 살리려는 노력이 이루어지고 있다. 그래야만 인류 문명의 쇠락을 수없이 지켜본 이 고대의 나무를 살릴 수 있기 때문이다.

마호가니
Mahogany

Swietenia macrophylla

═══════

이제는 옛날 말이지만, 최고급 가구와 관련된 나무를 하나 꼽으라면 그것은 바로 마호가니(*Swietenia*)일 것이다. 오늘날에는 평범한 집보다는 박물관이나 시골 주택에서 볼 수 있는 골동품으로 인식되기는 하지만, 마호가니로 만든 고급 탁자, 의자, 진열장, 판자 등은 한때 굉장히 인기 있었다. (사실 치펀데일 양식의 마호가니 가구는 지금도 높이 평가되며 고가에 팔린다.) 적갈색을 띤 마호가니 목재는 닦으면 광이 나는데, 이 광택과 고운 나뭇결 덕분에 마호가니로 만든 물건은 확실히 색감이 따뜻하고 촉감이 좋다.

많은 악기들도 한때 마호가니로 제작되었다 ―나무의 밀도가 높아 균형 잡힌 음을 내기 때문에 '음향목'으로 불리기도 한다. 마호가니는 지금도 기타 후면, 만돌린, 드럼 및 고가의 바이올린 재료로 사용되긴 하지만, 높은 인기와 수요의 직접적인 여파로 멸종 위기에 처하게 되면서 현재는 악기에 사용되는 빈도가 크게 줄었다.

가장 중요한 상업종(種)은 큰잎마호가니(big-leaved mahogany, *Swietenia macrophylla*)로, 라틴아메리카에서는 '카오바(caoba)'라고도 불린다. 높이는 대개 30~40m에서 최대 60m까지도 자라는, 이 커다랗고 장수하는 나무는 원산지인 중앙아메리카와 남아메리카의 열대우림 임관 또는 캐노피(canopy, 숲의 지붕) 위로 높이 솟아오르곤 한다. 잎의 길이가 최대 50cm에 이르기도 하여 '큰 잎'을 뜻하는 '*macrophylla*'가 이름이 되었다. 다양한 나무들이 뒤섞인 저지대의 열대우림 속, 그중에서도 강 근처나 지반이 깊은 곳에서 드문드문 발견되는 큰잎마호가니는 지역 문화뿐 아니라 멸종 위기에 있는 자이언트 수달을 포함한 많은 종의 생태계에서 중요한 역할을 한다. 마호가니가 강가 토양의 안정을 도와 침식을 줄이고 홍수로부터 지역이 복구되는 데 도움을 주기 때문이다.

큰잎마호가니는 아마존 열대우림에서 상업적으로 가장 가치 있는 나무

중 하나로, 무분별한 벌목을 지양하는 엄격한 관리 계획을 따른다면 지속 가능한 방법으로 수확할 수 있다. 하지만, CITES(Convention on International Trade in Endangered Species of Wild Fauna and Flora, 멸종 위기에 처한 야생 동식물의 국제거래에 관한 협약) 아래 법의 보호를 받고 있음에도 불구하고, 여전히 다반사로 일어나는 불법 벌목으로 인해 개체수, 번식, 서식지에 영향을 받고 있다. 큰잎 마호가니 종은 같은 속의 다른 두 마호가니보다 널리 분포되어 있기는 하지만 1950년대 이후 그 수가 70퍼센트 감소된 것으로 추정된다. 이 나무는 현재 벌목과 농경을 위한 산림 개간으로 위기에 처해 있다.

카리브마호가니(Caribbean mahogany, *Swietenia mahagoni*)는 유럽인들이 발견한 최초의 마호가니로, 17세기와 18세기에 수입되었다. 그러나 가장 매력적인 목재로 여겨지면서 무분별하게 벌목되었다. 카리브마호가니와 온두라스 마호가니(Honduras mahogany, *Swietenia humilis*)는 현재 상업적으로 멸종된 것으로 간주된다. 수년에 걸쳐, 큰잎마호가니 플랜테이션을 조성하려는 시도가 있었으나(특히 인도에서), 나무좀 유충에 취약한 나머지 큰 성공을 거두지는 못했다.

마호가니는 수꽃과 암꽃을 따로 피우며, 벌과 삽주벌레가 수분을 돕는다. 목질의 열매는 씨앗으로 가득 차 있는데, 씨앗에 꼬리처럼 생긴 날개가 달려 바람을 타고 회전하며 어미나무로부터 500m 떨어진 곳까지 날아갈 수 있다. 자생지에서 자랄 경우, 마호가니는 선구 수종이 되어 거친 땅 위나 임관 틈새 사이에서 잘 재생할 수 있다. 하지만 마호가니 목재와 다른 생산물들이 상업적 관점에서 큰 매력과 수익성을 가지고 있기 때문에, 성목으로 자라거나 웅장하고 아름다우면서도 대단히 유용한 열대 나무로서의 최대치에 이르기는 쉽지 않다.

ACACIÆ AMERICANA ROBINI.

아까시나무

Black locust tree

Robinia pseudoacacia

북아메리카가 원산지인 아까시나무는 현재 전 세계의 많은 온대 지역에서 귀화식물로 자라고 있다. 자생하는 지역은 미국 남동부의 비교적 작은 두 곳뿐인데, 펜실베이니아주 남부의 애팔래치아 산맥과 미시시피주 서부의 오자크 고원이다. 하지만, 현재는 북아메리카 대륙 전역에서 널리 재배되고 있어서 미국 48개 주와 캐나다 동부 지역과 서남쪽 브리티시컬럼비아주에서 볼 수 있다. 아까시나무는 산림지대에서 철로와 노변을 따라 침입성 잡목으로 번성해왔다. 그럴 수 있었던 이유는 나무가 매년 생산하는 독자 생존 가능한 다량의 씨앗과 흡지(吸枝)를 이용해 땅밑에서도 왕성하게 재생하는 능력 때문이다. 따라서 개간된 산림지와 해가 잘 드는 황폐한 숲 가장자리를 침범하여 번성할 기회로 삼는다.

아까시나무는 북아메리카에서 가장 견고한 나무 중 하나로, 경쟁 상대인 히코리(hickory)보다 부식에 강해 목재용으로 그 수요가 높다. 한때는 수레바퀴를 만드는 데 사용되었으며 가구와 바닥재, 울타리 기둥과 가로장뿐 아니라 놀이기구용 통나무로도 좋은 평가를 받고 있다. 나무의 껍질을 벗기면 노란색 목재가 드러나는데, 이를 매끄럽게 다듬고 기름칠로 마무리한다. 내구성이 뛰어나 목재 고정용 '나무못'으로 사용하는 등, 아까시나무는 조선업에서도 중요한 자재로 쓰였다.

아까시나무가 처음 유럽에 들어온 것은 1601년으로, 프랑스 식물학자 장 로뱅(Jean Robin)이 퐁텐블로궁의 앙리 4세를 위해 파리 노트르담 근처 광장에 종자를 심은 것이 시초였다. 첫 번째 나무의 꺾꽂이를 통해 번식된 두 번째 표본은 앙리 4세의 왕실 정원사이기도 했던 장의 아들 베스파시엔(Vespasien)에 의해 1636년 파리식물원에 심어졌다. 속명(屬名) 'Robinia'는 스웨덴 식물학자 칼 린네가 훗날 장 로뱅과 그의 아들을 기려 명명한 것이다. 종명인 'pseudoacacia'는 문자 그대로 '가짜 아카시아'로 번역되는데, 나무

'Robinia'는 칼 린네가 장 로뱅과 그의 아들 베스파시엔을 기려 명명한 것으로, 로뱅 부자는 프랑스 왕의 정원사이자 이 나무의 표본을 파리에 심은 장본인이다. Robinia속은 미국에서 아까시나무로 알려져 있는데, 그 이유는 아마도 나무의 종자와 어두운 색의 나무껍질이 아카시아(Acacia)의 종자 및 껍질과 비슷하기 때문일 것이다.

맞은편 아까시나무는 콩과의 일종으로 향기로운 흰색 꽃이 콩과 식물의 꽃과 닮았다. 이탈리아에서는 아까시 꽃을 채집한 후 묽은 반죽을 묻혀 튀겨서 '아까시 프리텔레'라는 달콤한 튀김을 만든다.

아래 영국에서 초반에 심어진 아까시나무는 현재 큐 왕립식물원 '올드 라이언스(Old Lions)'의 일원이다. 올드 라이언스는 식수 날짜 정보가 있는 가장 오래된 나무들을 말한다. 1762년에 심어진 이 나무는 작센고타알렌부르크 공녀 아우구스타가 조성한 최초의 수목원에서 튼튼하게 자라고 있다. 그림 속에 보이는 태양의 신전이라는 건물은 나무 한 그루가 그 위로 쓰러지면서 파괴되었다.

의 향명(鄕名) 중에 아카시아가 있지만 진짜 아카시아가 아니기 때문에 명명된 것이다. 아까시나무가 영국에 들어온 것은 1636년이며, 산업공해에 내성이 있어 도심에 심는 나무로 인기를 끌었다. 영국에서 초반에 심어진 아까시나무는 현재 큐 왕립식물원 '올드 라이언스(Old Lions)'의 일원이다 ─올드 라이언스는 큐에 생존해 있는 나무들 가운데 식수 날짜 정보가 있는 가장 오래된 나무들로 구성되어 있다. 나무는 1762년 아우구스타 공주가 조성한 2헥타르 규모의 수목원에서 자라고 있다. 비록 나무의 몸통 대부분이 괴사하여 금속 띠로 고정되어 있기는 하지만, 여전히 강건하게, 잘 자라고 있다.

유년기의 아까시나무는 성장 속도가 빠르고 최대 30m 높이로 자랄 수 있다. 시간이 지나면서 몸통이 뒤틀리고 골이 깊게 패어 매우 강인해 보이며 동양적인 외관을 띤다. 어린 새싹과 잔가지는 회녹색 깃털 모양의 잎 기저에 있는, 한 쌍의 유난히 뾰족한 가시를 보호기관으로 가지고 있다. 잎에 달린 각각의 쪽잎들은 비가 오면 반으로 접히며 밤이 되면 위치를 바꾸는데, '수면운동(nyctinasty)'으로 알려진 이 현상은 콩과(Fabaceae)에 속한 많은 식물의 전형적인 습성이다. 아까시나무의 백미 중 하나는 큼지막하게 매달린 화려한 흰색 꽃송이이다. 향이 매우 짙고 꽃가루 수는 적으나, 꿀이 풍부하여 꿀벌에

건축과 창작

게 매력적인 꽃이다. 아까시나무에서 나오는 '아카시아 꿀'은 향기롭고 부드러우며 거의 투명에 가까운 색을 띠어, 감식가들이 가장 좋은 꿀 중에 하나로 여긴다. 아카시아 꿀은 인체에 즉시 흡수되고 다른 품종보다 과당이 훨씬 풍부하여 혈당지수가 낮다. 이탈리아에서는 신선한 아까시 꽃을 채집하여 묽은 반죽을 묻혀 튀기는데, 바삭바삭하고 달콤한 이 튀김의 이름은 '아까시 프리텔레(frittelle di acacia)'다. 이 꽃은 향수 제조에도 사용된다.

미국이 원산지인 나무 중에서 아까시나무만큼 유럽의 산림지와 정원에 성공적으로 적응한 나무는 없다. 하지만 농부이자 급진적인 정치가로 유명했던 윌리엄 코빗(William Cobbett)이 이 나무의 특성을 극찬했다는 사실에도 불구하고 ─코빗은 식림법을 다룬 자신의 1825년도 저서 『산림지대』에서 아까시나무를 '나무 중의 나무'로 칭했다─ 아까시나무가 삼림수로 인기 있었던 적은 단 한 번도 없다. 코빗은 직접 종자와 식물을 수입하고 판매하며 백만 그루 이상의 나무를 팔았지만, 수요를 충족시키지는 못했다고 한다. 아까시나무는 목재가 가진 유용성에도 불구하고 곧게 자라지 않기 때문에 공원과 정원에 심는 관상용 외에는 거의 심어지지 않았다.

코르크참나무
Cork oak

Quercus suber

234살의 나이로 세계에서 가장 나이 많고 커다란 코르크참나무가 포르투갈의 아우아스 지 모우라(Águas de Moura)라는 마을에서 자라고 있다. 나뭇가지에 앉은 수백 마리의 명금(鳴禽)이 내는 소리에서 연유해 '휘슬러코르크참나무(whistler cork oak)'로 명명된 이 나무는 1988년 천연기념물로 지정되었다. 나무의 높이는 16m 이상이며, 다섯 명의 사람이 아름드리를 해야 몸통을 감싸 안을 수 있다. 코르크 생산을 위해 이 나무의 껍질을 벗긴 횟수는 최소 20번이며, 1991년 나무에서 나온 1,200킬로그램의 껍질로 10,000개의 코르크 마개를 만든 일화는 유명하다. 이 정도면 평균적인 코르크참나무가 평생 만들어내는 것보다 많은 양이다.

코르크에 유용한 속성이 많다는 사실은 새삼스러울 것이 없다. 프랑스 그헝 히보(Grand Ribaud) 섬 근처 난파선에서 건져 올린 기원전 6세기 또는 5세기의 에트루리아 암포라(항아리 모양 토기)는 전부 코르크 마개로 입구가 닫혀 있다. 서기 1세기 로마의 저술가 플리니우스(Pliny the Elder)는 『자연사』에서 코르크참나무 껍질을 이용하여 닻줄용 부표, 어망, 술통 마개, 여성용 겨울 신발의 깔창을 만드는 방법을 설명하였다. 또 다른 로마인 저술가 콜루멜라(Columella)는 농업에 관해 쓴 글을 통해 코르크에 온도 유지 기능이 있으니 코르크로 벌집을 만들 것을 권하고 있다.

코르크참나무는 느리게 자라지만 장수하며, 최대 20m 높이의 상록 교목이다. 수관이 넓게 퍼져 간혹 나무의 키보다 폭이 더 길며, 평균 200년까지 살 수 있다. 자생하는 지역은 포르투갈과 스페인이 있는 이베리아반도와 모로코, 알제리, 튀니지를 아우르는 아프리카 북서부의 해안지역이다. 모두 겨울에는 서늘하고 비가 많이 내리며 여름은 덥고 건조한 지역이다. 살짝 광택이 나는 잎은 뾰족하고, 도토리는 가을이 되면 여문다. 스페인과 포르투갈에서 돼지를 방목하여 이 도토리를 먹이는데, 이렇게 키운 돼지로 만든 햄은 특

상록 교목인 코르크참나무는 광택이 나는 뾰족한 잎과 대개 뒤틀린 가지를 가지고 있다. 유용한 나무껍질 외에도, 이 나무는 스페인과 포르투갈에서 돼지 사료로 쓰이는 도토리를 생산한다. 그 결과물인 '하몽 이베리코 데 베요타'라는 햄은 특별한 풍미를 가진다.

별한 풍미를 가진다. 하지만 나무의 가장 큰 명성은 특유의 두껍고, 우둘투둘하며 깊이 파인 나무껍질에서 온다. 이 두툼한 나무껍질 덕분에 코르크참나무는 불에 내성(내화성)을 갖게 되었다. 이 껍질에는 또한 코르크참나무의 종소명에서 이름을 딴 수베린(suberin)이라는 밀랍 물질이 다량 함유되어 있는데, 이 물질이 물과 용액의 이동을 차단하는 보호 장벽을 형성하면서 코르크를 유용한 재료로 만드는 특성을 부여한다.

껍질을 처음 수확하는 시기는 나무가 25살쯤 되어 일정 크기로 자랐을 때이다. 이 과정은 5월에서 8월 사이에 이루어지며 숙련되고 솜씨 좋은 기술자들이 그 어떤 기계도 사용하지 않고 전통적인 형태의 날카로운 도끼만을 사용하여 수작업으로 진행한다. 그리고 곡선 부분의 껍질을 벗기는 과정에서 나무를 손상하거나 죽이거나 베지 않음으로써 나무를 지속 가능한 작물이자 재생 가능한 자원이 되게 한다. 껍질을 벗긴 나무는 시간이 지나면서 재생하기 때문에, 9년에 한 번, 일생에 12번 이 과정을 반복할 수 있다. 노출된 내피는 검붉은 색을 띠며, 몸통에 1부터 9까지 흰색으로 숫자를 적어 마지막으로 껍질을 벗긴 해로부터 몇 년이 지났는지 표시한다.

'제스보이아(desbóia)'라고 불리는 첫 번째 수확에서 생산되는 '버진 코르크'는 병마개로 사용하기에는 구조가 너무 불규칙하기 때문에, 방음장치, 바

위 코르크참나무의 껍질 수확은 전통적으로 수작업을 통해 이루어지며, 위의 19세기 그림에서처럼 특정 형태의 날카로운 도끼만 사용한다. 이 과정은 오늘날에도 똑같이 반복되며 대개 나무가 25살쯤 되었을 때부터 시작된다.

맞은편 코르크참나무는 낙엽성인 다른 참나무종과는 다르게 상록성 잎을 가진 매력적인 나무다. 대개 여러 종이 섞인 산림지에서 자라며 다양한 야생 생물에게 소중한 서식지를 제공한다.

닥재, 벽 타일, 메모판, 크리켓 공의 속 재료, 낚싯대 손잡이 등 다양한 용도로 사용된다. 와인이나 샴페인 병마개로 최적인 코르크가 생산되는 것은 세 번째 박피부터다. 유럽 전역의 코르크 산업 현황을 보면, 매년 30만 톤의 코르크가 생산되고 약 3만 명의 고용을 창출되며 코르크의 15퍼센트가 병마개로 사용된다. 최상급의 코르크참나무가 서식하는 포르투갈에서는 전 세계 코르크의 50퍼센트가 생산된다. 살아 있는 나무를 베는 것은 불법이고, 나이 많고 생산성 없는 나무를 베는 데도 특별한 허가가 필요하다.

코르크가 와인병 마개로 큰 성공을 거둔 것은 액체와 기체를 투과시키지 않는 성질과 압축 후 회복되는 능력, 가벼움이 주된 요인이지만, 단열성 또한 인정받으며 활용되고 있다. 중세 수도원에서 나사의 우주 프로그램에 이르기까지, 코르크는 열과 냉기를 막아주는 단열재로 사용된 지 오래되었다. 우주 왕복선 컬럼비아호의 외부 연료탱크 단열재로 포르투갈에 있는 225그루의 참나무에서 나온 코르크가 다른 재료와 함께 사용된 바 있다.

코르크참나무 숲은 실로 아름다운 서식지이기도 하다. 코르크참나무는 대개 지중해의 관목지와 목초지에서 상록성 털가시나무(*Quercus ilex*), 우산소나무(110페이지), 올리브나무(90페이지) 등의 다른 종과 함께 자란다. 포르투갈에서는 '몬타도', 스페인에서는 '데헤사'로 불리는 이와 같은 개방형 농림업 시스템에는 헥타르당 50~300그루의 나무들이 자유롭게 뒤섞여 자라며, 야

생의 환경보다 보통 지중해의 정원에 어울리는 라벤더, 시스투스, 가시금작화, 금작화 등의 향기로운 관목이 군락의 아래층을 이루고 있다. 코르크참나무의 천연림은 방대한 임관과 더불어 여름철 한낮의 태양으로부터 그늘을 만들어주며 방목 동물의 목초지로 이용된다. 코르크참나무 숲은 다양한 생태계를 부양할 뿐 아니라 취약종인 스페인흰죽지수리와 멸종 위험이 가장 높은 살쾡이, 이베리아스라소니 등 많은 종이 선호하는 서식지이기도 하다.

코르크가 가진 모든 장점에도 불구하고, 와인 생산업자들은 코르크를 대신할 다른 방법과 재료를 찾고 있다. 그렇다면 우리는 코르크를 계속 사용해야 할까? 답은 간단하다. 사용해야 한다. 이 지속 가능하고 재생 가능한 자원에 대한 수요가 있는 한, 코르크참나무 숲에 대한 필요성도 계속될 것이다. 만약 그 필요성이 사라지면, 이 나무도, 나무가 부양하고 있는 모든 것과 함께 사라질 것이다. 코르크와 자연보호는 결코 별개가 아니다.

크리켓 배트 버드나무
Cricket bat willow

Salix alba var. *caerulea*

세계 곳곳에서 자생하고 있는 버드나무는 현재 300종이 넘는다. 그 범위
는 자그마한 북극 버드나무에서부터 우리에게 많이 알려진 '수양버들(*Salix babylonica*)'을 포함한 커다란 버드나무까지 다양하다. 버드나무는 성장 속도
가 매우 빠른 편이며, 줄기가 가진 유연성과 탄성으로 인해 수천 년에 걸쳐
바구니, 울타리, 통발, 코러클 배와 카누의 뼈대를 엮는 데 사용되었다. 근래
에는 재생 가능하고 지속 가능한 바이오 연료원으로 재배되고 있으며, 목재
는 숯과 제지용으로도 사용된다. 그러나 어떤 버드나무의 목재는 국제적으로
매우 특정한 용도로 사용되고 있다.

크리켓 규칙은 초심자가 이해하기에 다소 난해한 편이긴 하지만, 한 문장
으로 간단하게 요약하면 이렇다. 투수가 피치의 한쪽 끝에서 맞은편에 있는
타자에게 공을 던지면, 배트를 가진 타자는 공을 최대한 멀리 쳐서 맞은편 피
치로 달려간다. 나무로 된 크리켓 배트는 노의 날처럼 생겼으며 위쪽에 원기
둥 모양의 손잡이가 있다. 배트의 전체 길이는 96.5cm를 넘지 않으며, 날 자
체의 폭은 108mm를 넘지 않는다. 정해진 무게는 따로 없지만 대개 1.1에서
1.4킬로그램 정도 나간다. 배트용으로 가장 선호되는 나무는 단연코 크리켓
배트 버드나무(*Salix alba* var. *caerulea*)로, 때때로 '청버들'로 불리기도 한다.

이 변종은 백버들(*Salix alba*)과 무른버들(*Salix fragilis*)의 잡종으로 간주되
지만 십중팔구는 은빛의 길고 좁은 잎에서 그 이름이 붙은 백버들의 이형(異型)일 가능성이 크다. 크리켓 배트 버드나무는 높이 30m에, 백버들보다 길고
좁은 피라미드 형태로 자라는 단정한 생김새의 나무로, 잉글랜드 동부의 여
러 주에서 운하를 따라 자생하거나 지하 수면이 높은 강가 목초지에서 자생
하고 있다. 오늘날 크리켓 배트 제작에 사용되는 유일한 목재 작물로 재배되
고 있기도 하다. 물기는 많지만 배수가 잘되는 비옥한 토양에서, 나무는 15년
에서 20년에 걸쳐 수확에 적합한 크기로 자란다. 대부분의 재배자들은 나무

크리켓 배트 버드나무는 높이
30m에, 피라미드 형태로 자라는
단정한 생김새의 나무다.
배트 제작을 위해 재배되기도
하지만, 잉글랜드 동부의 여러
주에서 운하를 따라 자생하거나
지하 수면이 높은 강가
목초지에서도 자생하고 있다.

맞은편 크리켓 배트 버드나무를 두 개의 버드나무 종의 잡종으로 보기도 하지만, 그보다는 길쭉한 잎의 뒷면이 은빛인 데서 통속명이 연유한 백버들, 즉 살릭스 알바의 변종일 가능성이 더 크다.

아래 크리켓 경기의 규칙은 시간이 흐르며, 선수복과 배트의 모양을 포함하여, 몇 가지 측면이 바뀌었다. 다만 경기의 기본 규칙은 그대로다. 에이모스 아드는 당시 표준형이 아니던 크리켓 배트를 개량하여 특허를 냈다. 오늘날 국제 크리켓 경기에서 사용되는 바로 그 배트다.

를 서 있는 상태 그대로 전문회사에 판매하며, 이 회사는 나무의 몸통이 갈라지거나 손상되지 않도록 조심하면서 나무를 베거나 뽑는 작업을 직접 수행한다. 세계에서 가장 오랜 역사와 큰 규모를 가진 회사는 1894년 설립된 'J. S. 라이트 앤 선(J. S. Wright & Sons)'으로, 설립자인 제시 사무엘 라이트(Jessie Samuel Wright)는 이 지역에서 버드나무를 찾고 있던 몬터규 아드(Montague Odd)를 만나 이 회사를 세웠다. 아드는 위대한 크리켓 선수, W. G. 그레이스(W. G. Grace)를 위해 개당 1기니짜리 배트를 만들었으며, 아드의 부친인 에이모스(Amos)는 당시 표준형이 아니던 크리켓 배트를 개량하여 특허를 냈다. 오늘날 국제 크리켓 경기에서 사용되는 바로 그 배트다.

크리켓 배트 버드나무는 밀도가 낮고 가벼우며, 매우 견고하고 단단해서 쉽게 쪼개지지 않는다. 빠른 속도로 날아오는 단단한 공을 칠 때 꼭 필요한 속성을 그대로 가지고 있다. 어린나무를 심을 때는 11월에서 3월 사이에 뿌리까지 있는 4년차 '버드나무 묘목'을 심는다.

이 묘목은 질병이 없고, 우수 종으로 등록된 성목(成木)의 윗부분을 가지치기한 모판에서 자란 것이다. 준비된 묘목은 땅에 구멍을 내어 수직으로 꽂아주고 물을 뿌려 단단하게 다진다. 묘목으로 있는 짧은 기간 동안 줄기에서 나오는 새싹은 제거하고, 가지가 자라면 목질로 변하기 전에 몸통에서 잘라낸다. 나무에 옹이가 생기면 배트 제작에 적합하지 않기 때문이다.

나무를 베고 나면, 몸통을 적합한 길이로 절단하여 '클레프트(cleft)'로 분할한 다음 건조 과정을 거쳐 배트의 블레이드(날)로 제작한다. 지속 가능한 재생 프로그램의 일환으로, 새로운 묘목들이 꾸준히 심어지고 있다. 클레프

트는 현재 인도와 파키스탄으로 수출되고 있으며, 호주에서는 크리켓 배트 버드나무가 크리켓 배트 제작용으로 재배되고 있다.

1924년 이후 영국에서 크리켓 배트 버드나무는 박테리아(*Erwinia salicis*)가 원인인 '투명무늬병(watermark disease)'의 감염 위험에 노출되어 있었다. 이 병에 감염된 나무는 색이 변하고 약해져서 쉽게 부서지기 때문에 크리켓 배트 제조에 적합하지 않다. 다행히 이 질병이 감당할 만한 수준으로 줄어들어 이제는 크리켓 배트를 지속적으로 공급할 수 있게 되었다.

따라서, 전 세계의 선수들과 관객들은 크리켓 배트에 공이 맞는 경쾌한 소리를 계속 즐길 수 있게 되었다. 존 베처맨(John Betjeman)과 A. A. 밀른(A. A. Milne) 같은 시인과 작가에게 영감을 주었던 바로 그 소리를 말이다.

Eychbaum.

CXXIX.

Quercus Robur L.

영국참나무
English oak

Quercus robur and *Quercus petraea*

======

북반구의 온대 기후에서 자라는 약 600종의 참나무 가운데, 유럽 전역과 코카서스 산맥을 원산지로 두고 있는 종은 두 가지로, 영국참나무(English oak 또는 European/pedunculate oak, *Quercus robur*)와 세실참나무(sessile oak, *Quercus petraea*)다.

이 두 종은 전체적인 생김새는 비슷하지만, 통속명에서 드러나듯 주요한 식물학적 특징은 확실히 구분된다. 영국참나무는 잎자루가 짧고, 도토리깍정이(도토리받침)를 받치고 있는 자루는 긴 반면(종소명 중 하나인 pedunculate는 자루를 의미한다), 영국참나무는 잎자루가 길고 자루 없이(sessile은 자루가 없음을 의미한다) 도토리깍정이가 가지에서 바로 솟아난다. 영국참나무는 잎사귀가 곡선 형태로 갈라진 특유의 나뭇잎과 친숙한 도토리 때문에 나이를 불문하고 누구나 쉽게 알아볼 수 있는 상징적인 나무다. 'robur'라는 종소명은 목재의 견고성과 내구성을 나타낸다.

두 참나무 종 모두 수명이 길고 크기가 큰 낙엽 교목으로, 높이는 30m 이상 자라며 넓게 퍼지는 수관을 가지고 있다. 영국 내 산림지에 대략 12,100만 그루의 참나무가 있는 것으로 추정되며, 개활지에서 자라는 표본 가운데 가장 흔하게 볼 수 있는 종이기 때문에 런던에서만 거의 백만 그루가 자라고 있다. 참나무는 가지치기를 해 줄 경우 1,000년까지도 살 수 있지만 평균 수명은 250년 정도로 여겨진다. 그래서 400살 정도 되면 생장력이 감소하기 시작하고, 노화 과정에 의해 자연스럽게 넓이와 높이가 줄어들어 웅크린 듯한 형태가 되며, 속이 빈 몸통을 갖게 된다. 잉글랜드는 특히 이들 '고목 참나무'로 알려진 수많은 참나무의 고향이다. 현재 최소 3,300그루의 고목 참나무가 잉글랜드에는 있는 것으로 추정되는데, 이는 나머지 유럽 국가 전체에서 자라고 있는 고목 참나무 숫자를 전부 합한 것보다 많다.

영국참나무는 우리에게 익숙한 잎과 도토리를 가진 나무로 북반구의 온대 기후에서 자생하는 약 600종의 참나무 가운데 하나다. 로부르라는 종명은 목재의 견고성과 내구성을 나타낸다.

이 고목 나무가 잉글랜드에서 보존될 수 있었던 데에는 이상적인 재배 조건 외에 다수의 역사적인 이유도 있다. 11세기에 윌리엄 1세는 사냥감 및 야생동물 서식지 보호를 위해 왕립 삼림지(Royal Forests)를 만드는 것으로 삼림법의 체계를 세웠다. 이곳에서는 오직 국왕만 사냥을 할 수 있었고 귀족들에게는 '수렵권'과 사슴 공원이 주어졌다. 이 삼림보호지역에서는 벌목을 금지하였는데, 그런 점에서 자연보호의 초기 형태로 볼 수 있을 것이다. 이후, 역사적으로 전개된 상황들도 잉글랜드의 참나무 보존에 유리하게 작용했다.

예컨대, 공원을 사적으로 소유할 수 있었고, 해외에서 목재 공급이 가능했으며, 전쟁으로 인한 환경 파괴가 없었다. 마침내 현대적인 삼림관리 관행이 도입되었으나 나이 많고 속이 빈 —따라서 무용지물인— 나무를 구제하기에는 너무 늦은 상황이었다. 그러나 영국참나무는 목재로서 쓸모없을지 몰라도 중요한 생태계의 근간이 됨과 동시에 균류, 선태류(이끼류, 우산이끼류 등), 지의류, 곤충, 조류, 동물 등 2,000종 이상의 다양한 식물군과 동물군에 서식지를 제공한다. 참나무는 300개 이상의 야생 생물 절대착색종과 관련이 있는 것으로 여겨지며, 이는 영국이 원산지인 다른 어떤 나무종보다 많은 수이다.

고대 참나무 개체 중 많은 수가 무언가를 연상시키거나 묘사하는 이름을 가지고 있으며 고유의 특징을 지니고 있다. 그중, 900살쯤으로 가장 나이 많고, 가장 거대하며, 가장 유명한 나무는 셔우드 숲의 '메이저 참나무(Major Oak)'로 둘레가 무려 10.7m에 달한다. 로빈 후드와 그의 부하들이 노팅엄 주장관으로부터 피신처로 삼은 곳도 폭 28m가 넘는 이 나무의 널따란 임관 아래였다고 하며, 현재는 붕괴를 막기 위해 철제 버팀목을 세워 놓은 상태다. 잉글랜드 링컨셔주 본(Bourne) 근처의 농경지 한가운데 있는 '보소프 참나무(Bowthorpe Oak)'는 둘레가 무려 12.8m로, 추정컨대 가장 부피가 큰 참나무일 것이다. 그러나 수년에 걸쳐 병균에 의한 부패가 진행되면서 나무는 현재 속이 텅 빈 상태가 되었다. 나무는 1768년에는 비둘기장으로 쓰였고 그 후에는 출입문과 20명을 위한 좌석까지 있는 야외 식당으로 사용되었으나 오래전에 사라졌다.

목재가 가진 견고성과 내구성 덕분에 참나무는 주택 건축, 가구 제작, 선박 건조 등 강철 사용 이전의 영국 역사를 만드는 데 일조하였다. 1512년, 헨리 8세의 튜더 왕조 시기 캐럭(carrack) 유형의 전함인 매리 로즈 호는 약 600그루의 참나무를 사용하여 건조되었는데, 이 정도의 나무를 재배하려면 대략 16헥타르에 달하는 산림지가 필요했을 것이다. 그로부터 200년 이상이 지난 1765년에는 5,000그루 이상의 참나무가 HMS 빅토리 호 건조용으로 사용되었다. 빅토리 호는 1805년 트라팔가르 해전에 사용된 넬슨 제독의 기함이다. 참나무는 중요한 의미를 가진 건물의 주요 건축 자재로 쓰이기도 했다.

고목 참나무는 흔히 비현실적일 정도로 멋지게 뒤틀린 형태와 속이 빈 몸통을 가지고 있다. 영국에 있는 고목 참나무의 수는 나머지 유럽 국가에서 자라고 있는 고목 참나무의 총수보다 많은 것으로 추정된다. 고목 참나무 개체 중 많은 수가 나무의 역사를 말해주거나 관련된 무언가를 연상시키는 이름을 가지고 있다.

QUERCUS racemosa.　　　CHÊNE à grappes

P. Bessa pinx.　　　　　　　　　　　Gabriel sculp.

가령, 1393년 웨스트민스터 대성당의 웅장한 외팔들보 지붕 제작에 660톤 이상의 참나무 목재가 사용되었다. 한편, 프랑스 중부의 트롱세 숲(Forêt de Troncais)에는 1670년에 심어진 세실 참나무들이 지금도 있는데, 루이 14세 치하에서 재무장관을 지낸 장 바티스트 콜베르(Jean-Baptiste Colbert)의 명령으로 심은 이 나무들은 먼 훗날 프랑스 해군에 필요한 목재를 제공하기도 했다.

참나무에 서식하는 많은 곤충 가운데 하나인 작은 혹벌(Andricus kollari)은 인류 문명에 커다란 영향을 미쳤다. 이 혹벌이 잎눈 위에 생기는 참나무혹벌 충영의 기원이기 때문이다. 충영이란 곤충에 의한 자극으로 비정상적으로 자란 혹 모양을 뜻한다. 이 참나무혹벌 충영에는 타닌산이 다량 함유되어 있는데, 타닌산은 1800년 이상 필기에 사용된 '걸넷 잉크(iron gall ink)'를 만드는 주재료 중 하나다. 사해 문서와 마그나 카르타와 같은 다수의 중요한 문서들이 이 잉크로 쓰였으며, 뉴턴이 자신의 이론을 기술하거나 모차르트가 음악을 작곡할 때도 걸넷 잉크가 사용되었다.

거의 두 세기에 걸쳐, 통 제조업자들도 스카치위스키 생산에 필요한 통 제조에 영국참나무 목재를 사용하고 있다. 합법적인 위스키는 최소 3년간 오크(참나무)통에서 숙성되어야 한다. 참나무 목재가 가진 견고성이 열을 가했을 때 통널이 갈라짐 없이 구부러지게 하며 나뭇결이 촘촘하여 액체를 새지 않게 한다. 반면에 충분한 투과성을 가지고 있어 산소가 통 안팎으로 이동할 수 있게 하며, 목재에서 바닐린(vanillin, 바닐라향이 나는 성분)이 우러나와 위스키의 풍미에 영향을 준다. 비슷한 이유로, 오크통은 세계 곳곳에서 와인 숙성에도 사용되며 최종 결과물에 매력적인 풍미와 특징을 부여한다.

불행하게도 유럽의 참나무들은 참나무 행렬모충나방(Thaumetopaea processionea)을 포함한 몇몇 외래 해충으로 인해 현재 위기에 처해 있다. 이 나방의 모충은 다 자란 참나무 잎을 고사시켜, 나무를 약화시키고 유해한 다른 생물에 취약하게 만든다. 박테리아 감염에 의한 급성 참나무 소모병(AOD)은 나무좀(Agrilus biguttatus)이 원인으로 다 자란 나무를 4~5년 안에 죽게 할 수 있다. 우리가 이러한 위협으로부터 참나무를 방치한다면 그것은 엄청난 조롱거리가 될 것이다. 그리고 참나무를 잃는다면 우리의 안녕, 경제, 환경뿐 아니라 참나무를 삶의 기반으로 하는 모든 종이 심각한 영향을 받을 것이다. 그런 점에서 우리는 참나무가 쇠락하지 않도록 가능한 모든 것을 해야 한다. 그래야 다음 세대도 계속해서 이 장대한 나무를 향유할 수 있을 것이다.

참오동나무
Foxglove tree

Paulownia tomentosa

오동나무속(*Paulownia*)은 남다른 어원을 가지고 있다. 19세기 독일의 저명한 식물학자 필리프 프란츠 폰 지볼트(Philipp Franz von Siebold)가 러시아 황녀 안나 파블로바에 경의를 표하기 위해 이 이름을 붙였기 때문이다. 파블로바는 황제 파벨 1세와 황후 마리아 표도로브나 사이에서 태어난 여덟 번째 자녀였다. 파울로우니아 속에는 7~10개의 종이 있는데, 그중 대부분은 중국 서부와 중부가 원산지이고, 두 종은 대만이 원산지이다.

희소한 대만 종인 대만오동(*Paulownia kawakamii*)은 현재 100그루 미만의 표본이 야생에서 자라고 있어 심각한 멸종 위기종으로 분류되고 있다. 반면, 중국 종인 참오동나무(*P. tomentosa*)는 전 세계에서 재배되고 있어 조금 더 흔하게 볼 수 있다. 많은 나무가 그렇듯, 오동나무속도 나무의 특징이나 나무와 관련된 역사를 유추할 수 있는 속명을 가지고 있다. 참오동나무가 황후·황제·황녀 나무, 여우장갑나무(foxglove tree) 등으로 불리고, 대만오동나무가 사파이어 용나무(sapphire dragon tree)로 불리는 것을 예로 들 수 있다.

정원에서 자라는 관상용 온대 나무 중에서 참오동나무는 무리 가운데 두드러진 차별성을 갖는다. 꽃이 피는 이른 봄에 특히 그렇다. 잎이 나기 전, 여우 발처럼 생긴(foxglove라는 이름처럼) 커다란 연보라색 꽃이 가지 끝 원추꽃차례에 40cm 길이로 열린다. 여름을 앞두고는 부풀어 오른 갈색 꽃봉우리가 모습을 드러내는데, 참오동나무의 꽃봉우리는 서리에 취약하기 때문에 따뜻한 겨울을 지낸 후일수록 꽃이 더 아름답게 핀다.

꽃 다음으로 나오는 것은 부드러운 펠트 촉감의 커다란 달걀 모양 잎으로, 잎에 난 털 때문에 라틴어로 '털로 덮인'이라는 의미를 가진 '*tomentosa*'가 종소명이 되었다. 원예가들은 정원에 있는 나무의 주요 가지를 지면 가까이에서 가지치기하는 방식으로 튼튼한 새싹이 최대 너비 80cm의 커다란 잎으로 자랄 수 있게 한다.

사파이어 용나무로도 불리는 대만오동은 오동나무속에 속하는 7~10개 종 가운데 하나다. 이 희귀종은 재배하면 매우 빨리 자랄 수 있음에도 불구하고 현재 심각한 멸종 위기종으로 분류된다.

참오동나무

오동나무속은 최대 높이 8~12m로 자라며 빠르게 성목이 된다. 일본에서는 성장 속도가 빠른 이 나무를 키리(kiri)로 부르며, 가볍고 결이 고운 양질의 목재를 특정 용도로 사용한다. 과거 일본 귀족 가문에서는 여자아이의 탄생을 축하하는 의미로 오동나무를 심는 관행이 있었다. 훗날 아이의 결혼 선물로 줄 지참금 상자와 가구를 만들기 위함이었다. 교토, 나라, 오사카에서는 지금도 신부의 아버지가 출가하는 딸에게 오동나무 목재로 만든 지참금 상자나 섬세한 비단옷을 보관할 기모노 서랍을 선물하는 것이 관습이다.

귀한 이 흰색 목재는 아시아 악기를 만드는 데도 사용되는데, 일본의 고토(koto)와 한국의 가야금이 대표적이다. 오동나무는 중국에서도 오랫동안 사용되었으며 일본에서와 마찬가지로 장수를 상징한다. 중국 전설 중에 불사조가 남해에서 북해로 이동하면서 오동나무 가지에만 내려앉았다는 이야기가 있는데, 그런 연유에서 나무는 행운의 상징으로 집 근처에 심어지곤 한다.

꽃이 지고 나면 목질의 열매가 주렁주렁 열리며, 그 안에는 하늘하늘한 날개가 달린 수천 개의 씨앗이 들어 있다. 중국의 자기 수출업자들은 폴리스티렌이 출현하기 전까지 이 씨앗을 포장용 상자의 충전재로 사용했다. 운송 도중 상자가 열리는 일이 흔히 발생했는데, 그럴 때마다 상자 속에서 씨앗이 빠져나와 바람을 타고 주요 수송로를 따라 퍼져나갔다. 그렇게 자라난 나무가 자연 생장하는 수보다 많아지면서 잡목 문제가 대두되었다.

오늘날, 오동나무 씨앗은 포장도로와 벽의 갈라진 틈에서까지 싹을 틔우고 이내 커다란 잎으로 다른 식물의 성장을 방해한다. 그런 점에서 나무가 성

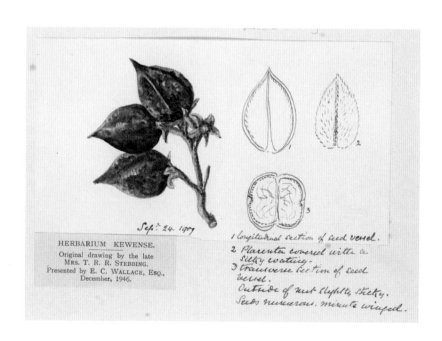

건축과 창작

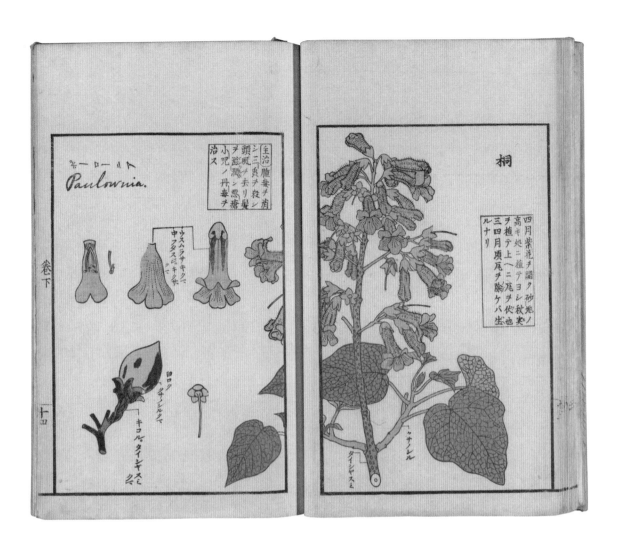

장하기에 적합한 기후를 가진 세계의 많은 지역, 특히 일본과 미국 동부에서 오동나무는 침입종으로 분류된다.

일찍이 12세기부터 오동나무 문장은 일본 황실의 상징이었으며, 이는 국화 문장으로 대체되기 전까지 계속되었다. 1868년 메이지 유신 이후에는 오동나무 문장이 일본 정부의 상징으로 사용되었다. 오늘날에는 일본 총리가 양식화된 오동나무 문장을 모든 정부 문서에 사용한다.

Rotnuß.

CCXXIIII.

Nuces Avelanæ rubræ
Corylus Avellana L.

개암나무
Hazel

Corylus avellana

늦겨울 또는 이른 봄의 추위 속에서 아직은 그 어떤 새싹도 돋아나기 전, 영국 제도에서 코카서스 산맥, 터키, 이란 북서부에 이르는 유럽과 서아시아 전역의 낙엽수림은 연노란색 '양꼬리'처럼 생긴 개암나무 수 꽃차례의 하늘거림과 함께 소생한다.

개암나무(*Corylus avellana*)는 커다란 관목 또는 작은 낙엽수로, 여러 개의 줄기와 지면 바로 위에서부터 자라는 가지를 가지고 있다. 속명인 '*Corylus*'는 '투구'를 뜻하는 그리스어 'korys'에서 연유한 것으로, 개암(hazelnut)을 둘러싸고 있는 껍데기를 가리킨다. 종소명인 '*avellana*'는 이탈리아 캄파니아주의 아벨라(Avella)라는 마을에서 딴 것이다. 이 이름을 선택한 사람은 뛰어난 박물학자이자 분류학자인 칼 린네로, 그는 레온하르트 푸크츠(Leonhart Fuch)의 1542년 초본서, 『식물의 역사에 관한 주목할 만한 기록(De historia stirpium)』에서 개암이 '아벨라의 견과(*Avellana nux*)'로 묘사된 것을 보고 이 이름을 붙였다.

목재용으로 재배할 경우, 개암나무는 '쿠페(coupe)'라는 산림 구획에서 재배 및 관리되며 새싹이나 어린 가지가 빨리 자랄 수 있도록 5년에서 10년마다 가지치기를 해준다. 이 방법으로 나무는 재생 가능한 원목이 되어 다양한 용도로 사용된다. 개암나무 가지는 유연하고 수공구로 쉽게 쪼갤 수 있어 일찍부터 주택과 울타리에 필요한 직조형 윗가지 패널, 초가지붕의 원재, 코러클 배와 울타리의 뼈대, 산울타리 강화를 위한 연결용 목재 등으로 쓰여왔다. 줄기의 가느다란 끝부분은 단으로 묶어 가마에 들어갈 연료로 쓰고, 잔가지는 완두콩과 강낭콩 줄기를 지탱할 지주로 쓴다. 그야말로 어느 하나 버릴 것이 없이 유용하다. 직경이 작고 길이가 1.25m쯤 되는 일직선으로 곧게 뻗은 가지는 지팡이로 쓰인다. 이는 죽은 사람을 묻을 때 개암나무나 서양물푸레나무, 버드나무 가지를 부적처럼 넣어주던 중세의 관행과 맥을 같이한다.

칼 린네는 독일의 식물학자, 레온하르트 푸크츠(Leonhart Fuch)의 1542년 초본서(삽화에 보이는)에서 개암이 아벨라(이탈리아 마을)의 견과로 묘사된 것을 보고 개암나무의 종소명을 '*avllana*'로 붙였다.

개암나무의 수 꽃차례는
늦겨울이나 이른 봄, 나무에
아무것도 열리지 않은 상태에서
나타난다. 독특하게 생긴
껍데기 속에 든 견과는 가을이
되면 여문다. 이 그림의 화가는
개암나무의 주요 특징을 한눈에
볼 수 있게 그려놓았다.

수 꽃차례의 꽃가루는 바람을 타고, 새빨갛지만 너무 작아서 눈에 띄지 않는 개암나무의 암꽃으로 이동한다. 그 결과로 맺어진 식용 헤이즐넛, 즉 개암나무 견과는 늦여름에 여문다. 둥그스름한 것부터 길쭉한 형태까지 다양한 모양의 이 견과는 중요한 상업 작물로 단백질, 비타민 E, 불포화지방산이 풍부하다. 개암나무는 견과 크기를 달리하기도 하고 수확 시기를 앞당기거나 늦추기도 하는 등 다양한 유형으로 재배된다.

콥넛(cobnut, 개암나무의 열매)보다 크고 긴 필버트넛(Filbert nut)은 'Corylus maxima'라는 다른 종의 견과로, 프랑스의 성인, 생 필리베르(St Philibert)의 이름에서 유래했다. 생 필리베르의 축제일인 8월 20일은 헤이즐넛 추수가 한창일 때다. 전 세계에서 개암을 상업적으로 가장 많이 생산하는 국가는 터키이다. 연간 수확량이 약 60만 톤으로 전 세계 생산량의 75퍼센트를 차지한다. 수확된 개암은 헤이즐넛 마지팬(Marzipan, 으깬 견과류와 설탕, 달걀 흰자로 만든 말랑말랑한 과자)에서 헤이즐넛 초콜릿 스프레드에 이르기까지 수많은 과자류 생산에 사용된다.

또 다른 종인 'Corylus cornuta var. californica'는 미국 북서부 태평양 연안 고유종으로 그곳 원주민들의 식량원이었다. 유럽산 개암나무는 프랑스와 잉글랜드의 이주민들에 의해 북아메리카에 전파되었으며 현재는 오리건주의 주요 작물이 되었다. 미국에서 상업적으로 재배되는 개암의 99퍼센트가 오리건주에서 생산된다. 중국에서도 현재 개암나무를 재배하려는 시도가 이루어지고 있다.

개암나무숲은 다양한 생물이 공존하는 공간이고 수많은 동물과 곤충의 중요한 먹이원이다. 이 숲은 또한 일부 조류와 포유류의 주요 서식지이기도 한데, 신기한 야행성동물인 담갈색 겨울잠쥐(Muscardinus avellanarius)에게 특히 중요하다. 이름에서 알 수 있듯, 이 겨울잠쥐는 동면에 들어가기 전에 헤이즐넛을 주식 삼아 배를 채운다. 하지만 고대 산림지가 계속해서 사라지고 전통적인 관리 관행도 축소되면서 지난 20년 동안 이 포유동물의 개체수는 3분의 1로 급격히 줄어들었다.

많은 나무가 그렇듯, 개암나무도 신화와 민간전승에 등장한다. 그림형제의 동화 '개암나무 가지'를 보면 '초록색 개암나무 가지는 살무사와 뱀을 비롯해 땅 위를 기는 모든 것으로부터 가장 안전한 보호 수단'이라는 내용이 나온다.

개암나무

자작나무
Paper birch

Betula papyrifera

═══════

카누자작나무(canoe birch) 또는 백자작나무(white birch)로도 불리는 자작나무 (*Betula papyrifera*)는 대서양 연안에서 태평양 연안까지, 콜로라도주와 버지니 아주에서 알래스카주에 이르기까지, 북아메리카 전역의 일조량이 풍부한 강 가의 촉촉한 모래땅에서 자생한다.

이 나무를 가장 많이 볼 수 있는 지역은 미국 북부의 주들과 캐나다의 모 든 주(province) 및 준주(territory)이다. 진정한 개척자 수종인 자작나무는 개간 되거나 산불로 파괴된 숲을 재탈환하는 데 앞장서는 목본성 식물로, 다른 어 떤 자작나무보다 빠르게 자란다. 평년에는 에이커당 대략 100만 개의 씨앗이 생산되지만, 풍년에는 이 수치가 3,500만 개로 증가한다. 씨앗이 매우 가벼워 바람을 타고 눈 속을 가로질러 멀리까지 날아가며, 탁 트인 공터에 이르면 다 른 종이 도착하기 전에 빠르게 정착한다.

북반구에는 많은 종의 자작나무가 있다. 모두 우아하고 기품 있는 나무들 로, 가을이 되면 수관은 레이스처럼 섬세해지고 잎은 짙은 황금색으로 물든 다. 자연 서식지에서 자작나무는 높이 약 30m인 외줄기의 중간 크기 낙엽수 로 자란다. 새싹이 주식인 무스(Alces alces)의 먹이가 되지 않는다면 말이다. 정원에서는 대개 줄기가 여러 개인 나무로 재배되어 나무의 가장 큰 특징인 매력적인 흰색 나무껍질을 좀 더 효과적으로 부각시킨다.

미국의 박물학자, 존 바트람(John Bartram)의 사촌이자 이 나무에 대한 최 초의 기록자인 험프리 마샬(Humphry Marshall)은 저서 『미국의 숲(Arbustrum Americanum)』에서 자작나무가 '아주 매끄러운 흰색 껍질'을 가지고 있다고 썼다. 북아메리카 원산의 나무와 관목을 알파벳 순서로 정리한 이 책자는 1785년 필라델피아에서 인쇄되었으며 미국에서 출간된 최초의 책 가운데 하 나다.

종소명 '*papyrifera*'는 파피루스 종이를 뜻하는 그리스어와 무엇을 지닌

자작나무는 진정한 선구 수종으로, 개간되거나 산불로 파괴된 숲을 재탈환하는 데 앞장서는 목본성 식물이다. 돌투성이 지면의 틈새를 비집고 나와 자라는 습성이 있어 뒤틀린 형태가 되기도 한다.

다는 의미의 'ferre'에서 파생된 것이다. 따라서 papyrifera를 '종이를 지닌'으로 번역할 수 있다. 이 종소명은 나무가 성숙해지기 시작하여 종이처럼 얇은 껍질층이 벗겨질 때 나타나는 눈처럼 하얀 나무껍질을 의미한다는 점과 이 껍질이 실제로 종이의 형태로 사용되었다는 점에서 아주 적절한 표현이다. 유년기의 나무껍질은 적갈색이기 때문에 나무들이 뒤섞여 있어도 식별이 가능하다. 오일 함량이 매우 높은 것에서 알 수 있듯 종이백자작나무의 껍질은 방수성을 가지고 있고 날씨에 대한 저항력도 높으며, 나무를 베면 목재보다 껍질이 오래 가는 경우가 많다. 불도 대단히 잘 붙어서 젖은 상태에서도 불이 붙는다.

종이백자작 껍질은 방수성뿐 아니라 내구성과 유연성도 가지고 있어서, 아메리카 원주민들과 캐나다 원주민들은 이 껍질을 대단히 중요하게 여기며 다양한 용도로 사용해왔다. 슈피리어 호수 주변, 상부 오대호(Upper Great Lakes, 다섯 개의 호수 중 위쪽에 위치한 호수) 지역에 거주하는 아니쉬나베(Anishinaabe) 원주민들은 나무에 상처가 나지 않도록 조심스럽게 껍질을 벗긴 다음, 바느질로 이어 붙여 자작나무 껍질 바구니(wiigwaasi-makak)를 만든다. 껍질을 꿰맬 때는 자작나무와 함께 자란 침엽수들의 뿌리를 벗겨 만든 와탑(watap)이라는 실을 사용한다. 그렇게 만든 바구니는 식량을 채집하거나 저장할 때 주로 사용되며, 오늘날에는 관광객들에게 판매되고 있다. 자작나무 껍질은 잔디를 깐 지붕에 내구성을 더하기 위해 방수층으로 사용되기도 했다.

메인주의 와바바키(Wababaki) 부족을 포함한 많은 원주민 집단이 이 나무 껍질을 이용하여 오두막(wigwam), 가정용품, 경량 카누 등을 만들었다. 특히 이 카누는 강 이곳저곳을 오가는 편리한 교통수단이 되었으며, 카누자작나무(canoe birch)라는 세 번째 통속명도 이 경량 카누 때문에 생긴 것이다.

알래스카에서는 자작나무 수액을 잎이 나기 전인 이른 봄, 숲속의 살아있는 나무에서 채취한다. 이 수액은 1~1.5퍼센트의 당을 함유하고 있어, 단풍 시럽과 마찬가지로 졸여서 '자작나무 시럽'으로 만들기도 한다. 시럽 1리터를 만드는 데 100~150리터의 수액이 필요하다.

자작나무 목재는 적당한 중량의 흰색 재목으로, 가구, 바닥재, 아이스크

위 그리고 맞은편
자자나무의 종명인 'papyrifera'는 '종이를 지닌'으로 번역되며, 맞은편에 보이는 것처럼 저절로 벗겨지는 특유의 흰색 껍질이 실제 종이처럼 사용되었다. 그 밖에 바구니, 오두막, 다양한 가정용품, 심지어 경량 카누도 만들 수 있다.

건축과 창작

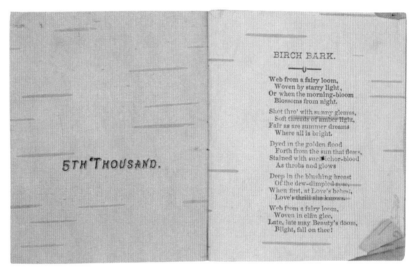

림 막대기, 이쑤시개, 베니어판, 합판 등 다양한 용도를 가지고 있다. 이 목재로 만드는 다른 전통품으로는 작살, 활, 화살, 설피(눈신), 썰매가 있다. 더불어 나무를 제대로 건조하기만 한다면 엄청난 수확량을 약속하는 훌륭한 장작이 되기도 한다. 이 귀중한 나무는 전통적인 의약 용도로도 많이 쓰이고 있다. 통풍, 감기, 기침, 폐질환, 류머티즘을 치료하고, 효과적인 완하제이며, 화상과 상처 치료에도 도움이 되는 것으로 여겨진다. 현재는 암 치료에 대한 가능성을 연구하고 있다.

시트카가문비나무

Sitka spruce

Picea sitchensis

================

1827년, 알래스카에서 여덟 번째로 큰 섬인 시트카(현재 이름은 바라노프)에서 독일인 박물학자, 칼 하인리히 메르텐스(Karl Heinrich Mertens)는 한 나무의 표본을 채집하였다. 그는 자신이 표본을 채집한 산솔송(mountain hemlock, *Tsuga mertensiana*)으로 이름이 알려졌으나, 후에 이 나무는 섬 이름을 따 시트카가문비나무(*Picea sitchensis*)로 명명되었으며, 현재는 최초의 목재용 나무로 평가되고 있다. 시트카가문비나무가 식물학적으로 사실상 처음 언급된 것은 1792년 워싱턴주 연안, 퓨젓 사운드(Puget Sound) 해안가에 있던 아치볼드 멘지스(Archibald Menzies)에 의해서였다. 이후 나무는 멘지스소나무(*Pinus menziesii*)라는 이름으로 영국 제도에 수입 및 재배되었는데, 1831년 데이비드 더글러스(David Douglas)가 자신의 세 번째이자 마지막 북아메리카 탐험에서 채집한 종자를 통해서였다. 그러나 1832년 아우구스트 하인리히 구스타프 폰 본가드(August Heinrich Gustav von Bongard)와 엘리 아벨 카리에르(Élie-Abel Carrière)에 의해 나무는 다시 시트카가문비나무(*Picea sitchensis*)라는 이름을 갖게 되었다.

시트카가문비나무는 미국과 캐나다 북서부의 태평양 연안을 따라 북에서 남으로 무려 2,900km에 달하는 자연 서식지를 가지고 있다. 가장 남쪽에 있는 나무는 캘리포니아주 멘도시노 카운티에 있고, 가장 북쪽에 있는 나무는 알래스카주 프린스 윌리엄 사운드에 있다. 시트카가문비나무는 알래스카주의 주 나무이기도 하다. 나무가 자라는 해안 벨트의 폭은 동서로 약 400km다. 시트카가문비나무는 기록을 세우는 데도 남다르다. 세계에서 다섯 번째로 부피가 크고, 세 번째로 키가 큰 침엽수이며, 가문비나무 중에서는 가장 부피가 크다. 나무는 위로 갈수록 뾰족해지는 수관과 밑동 직경 5m, 높이 100m가 조금 안 되는 곧은 줄기를 가지고 있어 전체적으로 보면 기세 넘치는 원뿔 형태를 하고 있다. 가지는 우아하게 바깥을 향해 뻗어 있으며 청

시트카가문비나무는 높이 100m까지 자라는, 세계에서 세 번째로 키가 큰 나무다. 현재 유용한 목재를 목적으로 조림지에서 질서정연하게 재배되고 있지만, 표본목은 곧은 줄기 위로 기세 좋게 뻗은 가지를 가진 원뿔 모양을 하고 있다.

건축과 창작

ABIES MENZIESII

맞은편 그림 속에서는 시트카가문비나무의 적갈색 솔방울이 똑바로 서 있지만, 실제로는 가지 끝에 매달려 있다가 여물면 나무에서 떨어진다.

아래 알래스카의 틀링깃(Tlingit) 부족과 하이다(Haida) 부족은 시트카가문비나무의 어린 뿌리를 능숙하게 엮어 색상과 디자인이 강렬한 아름다운 바구니와 모자를 만들었다.

록색의 뻣뻣하고 뾰족한 잎을 가지고 있다. 그리고 적갈색 솔방울이 늘어진 가지 끝에 달린다. 시트카가문비나무는 일반적으로 서늘하고 습한 고지대에서 자라는데, 이런 지역에서 살아남거나 잘 자라는 나무는 사실 그리 많지 않다. 이 나무들은 서식지의 강우에서든, 해무에서든, 많은 양의 수분을 필요로 한다.

잎의 새순은 비타민 C 공급원이어서, 원주민들은 신선한 과일을 먹지 못하는 겨울철에 가문비나무 술(스프루스 비어)을 만들어 괴혈병 치료제로 사용했다. 틀링깃(Tlingit), 하이다(Haida) 같은 북서부 해안의 원주민들은 나무뿌리를 엮어 방수가 되는 바구니와 모자로 만들었으며, 밧줄과 어망줄의 재료로 사용하기도 했다. 한편 나무의 수지는 카누에 생긴 틈을 메꾸는 데 쓰거나 풀로 사용했다.

시트카가문비나무는 유럽 북서부, 그중에서도 특히 영국, 노르웨이, 덴마크, 아이슬란드의 조림지에서 목재용으로 광범위하게 심는 나무다. 산림 작물로서 조악한 환경 조건과 척박하고 메마른 토양에서 자라는 능력은 대단한 강점이다. 또 다른 강점은 빠른 성장 속도로, 비교적 짧은 시간 안에 유용한 목재를 대량 생산할 수 있다. 시트가 가문비나무가 목재로서 가진 잠재력의 최대치에 도달하려면 40~60년 정도 걸리는데, 이를 150년 이상 걸리는 참나무와 비교해보면 상당히 짧은 기간이다.

시트카가문비나무 목재의 최대 장점은 밀도와 중량에 비해 견고하고 단단하다는 것이다. 게다가 나무결이 고르고 옹이가 없어 훌륭한 음향 전달체가 되기 때문에 바이올린, 기타, 하프, 피아노의 공명판 등 음향 악기에 사용된다. 현의 떨림에서 나오는 에너지가 시트카가문비나무 목재를 통과하며 아름답게 울려 퍼진다. 이와 같은 용도로는 최소 250년 된 '고목'이 선호된다. 견고함과 가벼움이 결합된 시트카가문비나무는 비행기 날개보의 중요한 자재가 되기도 한다. 라이트 형제는 자신들의 비행기에 이 나무를 사용하였으며, 영국의 드 하빌랜드 모스키토(de Havilland Mosquito) 폭격기를 포함하여 이후에 나온 많은 항공기에도 사용되었다. 같은 이유에서, 선박 건조업자들도 요트의 돛이나 활대를 위한 최고의 목재로 시트카가문비나무를 꼽는다. 시트카가문비나무는 건축업에도 쓰이며, 조림지에서 일찍 간벌을 해주면 튼튼하고 매끄러운 종이를 만들 수 있다. 목재가 흰색이고 셀룰로오스 섬유가 길기 때문이다.

햇빛 아래 찬란하게 빛나는 황금빛 잎을 가진 특이한 시트카가문비나무가 있었다. '황금가문비나무'로도 알려진 이 '고

건축과 창작

대의 나무(K'iid K'yaas)'는 캐나다 하이다과이(Haida Gwaii) 군도에 있는 야쿤 강 기슭에서 자랐다. 하이다 부족이 신성시하는 나무였지만, 1997년 벌목 산업에 대한 저항의 표시로 불법 벌목되고 말았다. 세계에서 가장 큰 시트카는 워싱턴주 웨스턴올림픽반도 퀴놀트 호수 근처의 '우림 자이언츠 계곡(The Valley of the Rain Forest Giants)'에서 자란다. 진정한 챔피언인 이 나무의 나이는 1,000살이 넘은 것으로 추정되며 높이는 58.2m, 몸통의 직경은 5.8m나 된다. 그러니 그저 인상적인 나무라고 하기에는 무언가 많이 부족하다. 따라서 유럽 산림에 좀 더 최근에 심은 나무가 천 년이 지나면 어떤 모습을 하고 있을지 누가 알겠는가?

주목
Yew

Taxus baccata

═══════

흔히 어둠과 우울함이 연상되는 주목(*Taxus baccata*)은 중간 크기의 상록 교목으로 유럽 서부, 중부, 남부에서 이란과 코카서스 산맥에 걸쳐 자생한다. 속명인 '*Taxus*'가 어디에서 유래했는지에 대해 많은 설이 있지만, '활'을 뜻하는 고대 그리스어 '*toxon*'에서 파생되었을 것으로 추정된다. 로마의 저술가 베르길리우스와 플리니우스도 작품 속에서 주목으로 만든 활과 독화살에 대해 확실히 언급한 바 있다. 종소명인 '*baccata*'는 라틴어로 '다육질의 장과(berry)가 달린' 것을 의미한다. 실제 주목의 열매는 장과가 아니라 선명한 빨간색 가종피에 둘러싸인 씨앗이기는 하지만 말이다. 과즙이 풍부하고 점성이 있으며 단맛이 나는 이 육질종피는 주목에서 유일하게 독성이 없는 부분이다. 씨와 잎을 비롯한 다른 모든 부분에는 탁신 알칼로이드(taxine alkaloid)라는 성분이 있어 인간과 동물에게 유독하다. 주목잎 50~100g 정도의 양이면 성인 한 사람에게 치명적인 결과를 불러올 수 있다.

주목은 성장 속도가 느리고 수세기에 걸쳐 장수하는 나무로 평균 수명은 500살 정도다. 최대 20m 높이로 자라고 육중한 몸통과 무성하게 뻗은 가지를 가지고 있다. 노령의 주목이 교회 묘지에 홀로 서 있는 장면을 흔히 볼 수 있는데, 이런 환경에서 나무는 성장에 필요한 햇빛과 물리적 공간을 더 많이 차지할 수 있기 때문에 자연의 산림에서보다 훨씬 크고 인상적인 수형으로 자란다. 나이도 교회 묘지에서 발견되는 것이 훨씬 더 많은 것으로 여겨져, 어떤 나무들은 2,000살 또는 그 이상 된 것으로 추정되기도 한다.

다만 크기나 고색창연한 모습 때문에 나무의 나이가 종종 과대평가된다는 점에서는 다분히 추론과 논의의 대상이기는 하다. 주목의 경우, 나이테를 세거나 나이테 연대측정법을 이용하여 정확한 나이를 측정하는 것도 어렵다. 나이가 들수록 심재가 소실되면서 나무 속이 비는 경향이 있기 때문이다. 이런 경우, 고지도, 판화, 그림, 고고학 등 지역의 기록물이 어떤 나무가 언제

주목은 솔방울식물로 분류되기는 하지만 솔방울을 맺지는 않는다. 씨앗은 가종피로 불리는 빨간색의 점성이 있는 육질종피(肉質種衣)에 둘러싸여 있다. 육질종피는 주목에서 유일하게 독성이 없는 부분이다. 바늘처럼 생긴 암녹색의 잎과 가종피 속에 든 씨에는 독성이 있다.

건축과 창작

어느 위치에서 자랐는지를 보여주는 좋은 증거 자료가 될 수 있다.

영국에서 가장 나이 많은 두 개의 나무도 교회 묘지에 있는 주목이다. 그중 스코틀랜드, 퍼스셔에 있는 포팅갤 주목(Fortingall Yew)은 약 2,000살 정도로 추정되며 웨일스의 포이스에 있는 데피노그 주목(Defynnog Yew)은 2,500살 정도로 여겨진다. 그런데 이 두 나무가 5,000살은 족히 되었다는 주장이 있다. 만약 역사적 사실과 기술 등에 의거한 이 주장이 사실이라면 주목은 유럽에서 가장 오래된 식물 중 하나가 된다. 또 하나의 유명한 주목이 서리 주, 크로우허스트에 있는 성 조지 교회의 묘지에 있다. 현재 이 나무의 몸통 둘레는 10m로 17세기에 측정한 기록과 비교해보면 369년 동안 단 65cm가 늘었다. 나무가 워낙 커서 18세기에는 경첩 달린 목문을 밑동에 달아 속이 빈 나무 안쪽으로 드나들 수 있게 하였다. 1820년, 지역 주민들은 비어 있는 나무의 몸통 안에서 1643년 잉글랜드 내전(청교도 혁명) 시기의 것으로 추정되는 포탄를 발견하기도 했다.

주목, 교회, 묘지 사이의 오랜 관계는 아마도 기원전부터 시작되었을 것이다. 이 전통에 대해 제시되는 다수의 설명이 입증에 어려움을 가지고 있지만 말이다. 주목은 다수의 유럽 문화권에서 장례나 사후세계와 관련이 있다. 고대 그리스신화에서 주목은 마법과 주술, 밤의 여신인 헤카테가 신성시하는 나무였다. 북유럽 신화에 나오는 생명의 나무로, 뿌리는 하계에, 가지는 천상에 이른다는 위그드라실(Yggdrasil, 북유럽 신화에 나오는 세계수, 우주수)은 흔히 물푸레나무로 간주되지만, 일각에서는 이 나무를 주목으로 본다. 드루이드교 성직자들은 주목을 영생의 상징으로 여겨 자신들의 신전 가까이에 심었다. 주목은 어둡고 싸늘하기도 했지만, 장엄하기도 하고 장수하는 상록수였기 때문에 죽음과 환생에 대한 드루이드 신도들의 믿음을 강화시켰다.

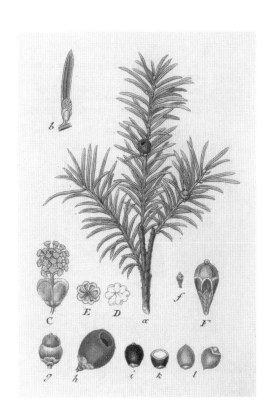

6세기 무렵 교황 그레고리오 1세가 성 아우구스티누스와 그의 선교사들에게 이교도인 영국을 기독교로 개종시킬 것을 지시했을 때, 이교도들을 따뜻하고 밝고 활기찬 교회로 이끌어주기를 바라며 그들의 예배당 근처에 교회를 세우고 주목도 함께 심었다. 웨일스의 펨브룩셔, 네번에 있는 6세기 세인트 브리나크 교회(St Brynach's Church) 묘지에는 피 흘리는 네번 주목(Bleeding Nevern Yew)으로 불리는 노령의 주목이 있는데, 700살이 넘은 것으로 알려져 있다. 오래전부터 이 주목은 몸통에서 피처럼 붉은 수액을 흘려 왔는데, 십자가에 못 박힌 예수를 애도하며 나무가 피를 흘리고 있다고 해석하는 것 외에는 이 식물학적 수수께끼를 설명할 길이 없다.

주목 목재는 주홍빛이 도는 갈색이며 침엽수 가운데 가장 견고한 편이다 (주목은 씨가 든 솔방울을 맺지 않지만, 솔방울식물로 분류된다). 우리의 먼 조상들도 주목을 높이 평가한 것이 확실하다. 세계에서 가장 오래된 목공품 중에 주목으로 만든 창끝이 있기 때문이다. 1911년 잉글랜드 동부 에섹스 주 클랙턴에서 발견된 이 창끝은 40만 년 이상 된 것으로 추정되고 있다. 아일랜드 위클로 주 그레이스톤스에서는 고고학자들이 주목으로 세공한 나무 피리를 발굴했는데, 큰 것에서 작은 것 순으로 나란히 놓여 있는 이 여섯 개의 피리는 기원전 2000년 것으로 추정된다. 세계에서 가장 오래 생존한 목관 악기인 셈이다.

주목 목재는 경이로운 탄성과 장력을 가지고 있어 잉글랜드 활과 웨일스

주목이 교회 묘지에 홀로 서 있는 경우를 흔히 볼 수 있다. 이와 관련해 활 제작에 필요한 목재를 공급하기 위해 그곳에 심었을 것이라는 설이 제기되어 왔다. 그러나 묘지의 주목만으로는 활 제작에 필요한 목재를 충당하지 못했을 것이다. 다만, 서섹스 주 버스티드에 있는 삽화 속 나무처럼 교회 묘지의 나무들이 장대하게 자라고 장수하는 경우는 많았다.

건축과 창작

활을 만드는 데 이상적이다. 1.8m 길이의 활은 중세 전쟁에서 가장 효과적인 무기 가운데 하나였다. 1346년 크레시 전투와 영국과 프랑스 간의 백년전쟁 중에 일어났던 그 유명한 1415년 아쟁쿠르 전투에서 특히 그랬다. 보통의 활대는 심재와 변재의 천연 적층을 이용하여 화살을 쏠 때 필요한 힘과 속도를 만들어 낸다. 압력에 저항하는 빨간 심재는 활의 안쪽인 '벨리(활의 앞면)'가 되고 바깥쪽의 흰색 변재는 장력을 제공한다. 잉글랜드에서 활 제작에 필요한 주목의 수요가 증가하면서 비축물이 고갈된 적이 있었다. 활대가 심각할 정도로 부족해지자 에드워드 4세는 1472년 웨스트민스터 헌장을 제정하였고 이에 따라 잉글랜드 항구에 도착하는 모든 선박은 화물 1톤당 활대 네 개를 세금으로 내야 했다. 1982년에는 상태가 아주 좋은 130개의 활이 1545년 솔런트 해협의 포츠머스에서 침몰한 헨리 8세의 매리 로즈 호에서 발굴되기도 했다. 주목 활은 100에서 185파운드의 장력을 가지고 있어서 숙련된 궁수가 사용하면 분당 10~12개의 화살을 쏠 수 있었다. 강도로 따지면, 화살로 365m 떨어진 적에게 상처를 입힐 수 있고, 180m 떨어진 적을 죽일 수 있으며, 90m 떨어진 갑옷을 관통할 수 있었다.

많은 이들이 주목을 교회 묘지에 심은 목적이 활에 필요한 목재를 공급하기 위해서였다고 믿는다. 하지만 나무가 활에 필요한 크기로 자라는 데만 최소 100년은 걸릴 뿐더러 묘지에서 발견된 나무만으로는 필요한 목재량을 충당하지 못했을 것이다. 사실 주목 목재는 유럽의 높은 산에서 수입되었다. 수입된 목재의 나뭇결이 좀 더 조밀하고 활 제작에 훨씬 더 적합해서 수요가 높았기 때문이다.

주목은 언제나 의료용으로 중요한 자원이었다. 가장 중요한 예로, 1967년 캘리포니아 북부에 있는 리서치 트라이앵글 파크(Research Triangle Park, 연구단지)의 먼로 월(Monroe Wall)과 만수크 와니(Mansukh Wani)는 태평양주목(*Taxus brevifolia*) 껍질에서 찾은 특정 화합물에 항암 성분을 발견하였다. 하지만 안타깝게도 나뭇가지의 껍질을 벗기는 과정이 나무를 죽이고 있으며, 야생 개체군이 심각한 위기에 처했다. 태평양 주목을 대신할 지속 가능한 공급원이 필요하다는 것이 확실해진 상황에서 다행히 잉글랜드 주목의 잎으로 치료제를 합성할 수 있다는 것이 추후 밝혀졌다. 잉글랜드 주목은 정원의 장식용이나 조경용으로 널리 이용되는 나무다. 오늘날 탁솔에서 추출한 파클리탁셀이 다양한 유형의 암을 대상으로 하는 화학치료에 성공적으로 이용되고 있다. 수많은 이야기와 신화, 나무의 신비로운 속성과 실제 속성, 그 모든 것이 주목에 대한 호기심과 경이로움을 배가시킨다.

유럽밤나무
Sweet chestnut

Castanea sativa

━━━━━━

유럽밤나무(*Castanea sativa*)는 열매(밤)를 풍성하게 맺는 관대한 나무다. 시대와 상관없이 추운 겨울날을 떠올려보면 밤이 딱딱한 껍질 채로 장작불이나 화로 위에서 구워져 맛있는 군밤이 되고 있을 것이다. 누구나 아는 그 향을 풍기면서 말이다. 또는 저 유명한 마롱글라세(marrons glacés)처럼 설탕에 절인 과자로 만들어지기도 한다. 유럽밤나무는 스페인밤나무 또는 프랑스어로 밤을 뜻하는 '마롱(marron)'으로도 알려져 있다.

그러나 연관성이 없는 칠엽수(horse chestnut, *Aesculus hippocastanum*)와 혼동하면 안 된다. 속명, '*Castanea*'는 그리스, 테살리아 지방의 카스타니아(Kastania) 마을에서 연유한 것이라고 흔히 이야기한다. 이 마을에서 식용 밤을 목적으로 다수의 밤나무가 재배되었기 때문인데, 어쩌면 마을 이름이 학명을 따라 지어진 것일 수도 있다. 종소명인 '*sativa*'는 '경작된'을 뜻하는 라틴어 형용사로 작물로 경작되는 식물을 기술할 때 쓴다.

원산지는 발칸반도에서 이란까지이고 현재는 유럽 남부, 중부, 서부와 북아프리카에서 널리 자라고 있는 유럽밤나무는 크고, 카리스마 넘치고, 가뭄에 강한 나무로 높이는 최대 35m에 이른다. 몸통은 크고 널찍해서 둘레가 9m에 이르기도 하며, 나무껍질은 나선형으로 골이 깊게 패어 있다. 잎은 길고 뾰족하며 가장자리가 톱니 모양이고, 비교적 수수한 노란색 꽃이 이삭 꽃차례에 열린다. 반면에 열매(밤)는 그 존재감이 확실해서 여물기 전까지는 열매를 포식자로부터 보호하기 위해 가시투성이의 초록색 '밤송이'가 둘러싸고 있다. 밤송이가 여물어 저절로 벌어지면 그 안에 반들반들한 적갈색의 잘 익은 밤이 2~3개, 때로는 4개까지도 들어 있다.

유럽 남부에서는 지방과 칼로리가 낮은 밤을 식량원으로 높이 평가하여 제분하는 전통이 있었다. 로마군단은 밤으로 만든 포리지(죽과 비슷하게 걸쭉히 끓인 음식)를 주식으로 하여 행군하기도 했다. '리옹 밤(Marron de Lyon)', '마리

18세기와 19세기에 유럽밤나무는 큐 왕립식물원을 포함하여 웅장한 저택의 정원이나 커다란 식물원에서 관상용으로 인기 있었다. 큐 왕립식물원 수목원에서 가장 나이 많은 나무 중 일부는 유럽밤나무다.

맞은편 시칠리아의 에트나 산 동쪽 경사면에서 자라고 있는 '백마리 말 밤나무'는 유럽밤나무 가운데 가장 나이 많고 가장 부피가 큰 것으로 알려진 표본이다. 백 명의 기사들이 나뭇가지 아래에서 뇌우를 피했다는 전설에서 이름이 유래되었다.

아래 유럽밤나무 잎은 길고 뾰족하고 가장자리가 톱니 모양이며, 노란색 꽃이 이삭 꽃차례에 열린다. 적갈색의 식용 밤은 여물 때까지 포식자로부터 보호해주는 가시투성이의 초록색 '밤송이'에 둘러싸여 있다.

굴(Marigoule)', '베티작의 입(Bouche de Bétizac)' 등 수많은 이름을 가진 변종들이 교배되어 현재 상업용 생산을 위해 과수원에서 재배되고 있다. 프랑스 남부의 콜로브리에 마을은 매년 열리는 밤 축제로 유명하며 이곳에서는 밤을 이용하여 갖가지 별식을 만든다.

유럽밤나무는 적합한 기후와 토양에서 자생할 경우 최대 2,000년까지도 사는 장수목이다. 가장 나이가 많고 크기가 큰 것으로 알려진 표본은 백마리 말 밤나무(Hundred-Horse Chestnut 또는 Castagno dei Cento Cavalli)로, 유럽에서 가장 높은 화산인 시칠리아의 에트나 산 동쪽 경사면에서 자라고 있다. 나무의 정확한 나이는 알 수 없다. 1780년 나무의 둘레가 57.9m로 측정된 이후 몸통이 크게 세 부분으로 갈라졌기 때문이다. 다만 2,000살에서 4,000살 사이라는 주장이 있기는 하다. 백마리 말 밤나무라는 이름은 아라곤 여왕과 그녀를 수행하는 백 명의 기사들이 이 나무 아래서 무시무시한 뇌우를 피했다는 전설에서 유래한 것이다.

맛 좋은 밤 외에, 유럽밤나무는 목재로도 좋은 평가를 받는다. 산림지에서 자라는 나무들은 12~30년마다 가지치기를 통해 목재를 지속적으로 생산할 수 있게 한다. 나무에 함유된 타닌산이 흙에 닿으면 지속성과 내구성이 생기기 때문에 야외에서 사용하기에 이상적이다. 유럽밤나무 목재는 색이 옅고, 견고하며, 매우 단단하여 쐐기로 쉽게 쪼갤 수 있어서 울타리 기둥과 가로대로 사용하기에 완벽하다. 목재는 또한 외장재로도 사용되어, 프랑스 교회의 첨탑 중 일부는 밤나무 널로 덮여 있다. 유럽 남부에서는 통 제조업자들이 발사믹 식초 숙성에 쓸 통을 만들 때 유럽밤나무를 선호한다.

유럽밤나무를 비롯해 밤나무속(Castanea)에는 그밖에도 많은 종이 있다. 그중에서 미국밤나무(Castanea dentata)는 과거 미국 동부의 숲을 구성하는 중요한 나무였다. 애팔래치아 산맥에서는 이 나무의 밤이 식용으로 채집되었고, 목재뿐 아니라 껍질에 함유된 타닌도 활용되었기 때문에 특히 중요했다.

20세기 초, 동아시아가 기원인 동밤나무 줄기마름병(Cryphonectria parasitica)이라는 진균성 질병이 뉴욕에서 발견되었다. 그리고

40~50년에 걸쳐 남쪽의 조지아 주에서부터 북쪽의 메인 주에 이르기까지 미국밤나무 원산지 전체로 확산되었다. 그 결과, 40억 그루로 추정되는 미국 밤나무가 파국을 맞았다. 이 질병이 현재는 유럽에 퍼져 있어서, 북아메리카의 밤나무가 그랬던 것처럼 유럽밤나무도 감염의 위험이 큰 상태다.

　그나마 다행으로, 밤나무(*Castanea crenata*, 한반도 전역에 분포하는 우리가 흔히 아는 밤나무)와 약밤나무(*C. mollissima*)는 줄기마름병에 좀 더 내성이 있고 식용 밤도 생산한다. 이 나무들은 훌륭한 가로수가 되기도 하는데, 다만 뾰족한 밤 송이를 맨발로 밟았을 때 아프다는 단점이 있기는 하다.

올리브, *Olea europaea*

연회와 축제

우리는 태곳적부터 연회와 축제에서 나무가 베푸는 혜택을 누려왔다. 보석을 연상케 하는 석류에서부터 우산소나무의 솔방울 씨(잣), 사고야자의 줄기, 실론 계피나무(시나몬)의 향기로운 껍질에 이르기까지, 인간은 나무에서 취할 수 있는 작물을 찾아내고, 길들이고, 재배하고, 수확함에 있어 매우 창의적이었다. 많은 수확물이 주식에서 사치품으로 격상되었고 수많은 문화의 관습과 유산 속에 확고하게 자리매김했다.

커다란 기쁨을 주는 저 다양한 수종을 인류가 어떻게 발견하게 되었는가 하는 일화는 식물의 역사, 신화, 전통 속에서 주옥과도 같은 역할을 한다. 카카오나무와 올리브나무처럼 몇몇 나무에 대한 우리의 사랑은 수천 년 전으로 거슬러 올라가며 이 나무들은 특정 문명과 밀접한 연관을 가지고 있다. 육두구와 메이스 같은 향신료에 대한 우리의 욕망은 수천 명에 이르는 사람들의 운명과 인생을 바꾸었고, 너무 귀중한 나머지 손에 넣으려면 용맹한 탐험을 해야 했고, 새로운 무역로를 개척해야 했으며, 심지어는 전쟁이나 노예제도, 죽음도 뒤따랐다.

물론, 나무가 열매, 견과, 껍질을 제공하는 이유가 단순히 우리의 필요와 욕망을 충족시키기 위한 것만은 아니다. 나무의 모든 부분은 나무 자체를 위해 존재한다. 열매는 부모 나무로부터 종자를 퍼뜨려 다음 세대를 탄생시키기 위한 수단으로 존재하는 것으로, 먹음직스러운 외관을 갖추어 생명체를 유인하여 먹고, 저장하게 만든다. 그 결과 나무 스스로 할 수 있는 것보다 훨씬 멀리까지 종자가 확산된다. 조류뿐 아니라 박쥐, 주머니쥐, 설치류, 원숭이와 다른 포유류도 종자의 확산에 크게 기여한다. 열매와 씨를 먹다 남은 것을 다른 어딘가에 두기 때문이다. 발아와 성장을 촉진시키는 천연 비료와 함께 말이다.

우리는 열매의 최종 소비자이자 숙련된 농부로서, 우리만의 방식으로 종을 확산시켜 왔다. 나무를 작물로 재배하는 조림지는 나무의 열매와 씨에 대한 우리의 엄청난 욕구를 충족시키고 있다. 코코넛은 현재 전 세계 80개 이상의 국가에서 재배되고 있으며, 야생에서 자생하는 모습은 더 이상 볼 수 없다.

중국이 원산지인 감나무는 한국, 일본, 미국, 유럽 등 많은 나라에 전파되어 맛있는 열매를 제공하고 있다. 반면에 몇몇 종은 인간의 손에 길들여지지 않았다. 브라질너트가 그 대표적인 사례다. 이 나무의 수분 생태학은 너무나 복잡하고 서식지 환경과 서로 연결되어 있어서 원산지인 열대우림 이외의 곳에 심으면 아예 열매를 맺지 않는다.

나무는 우리의 식단에 풍부한 영양분과 맛있는 재료와 풍미를 더해준다. 나무가 없으면 우리의 삶은 훨씬 초라하고 무미건조할 것이다.

연회와 축제

브라질너트
Brazil nut

Bertholletia excelsa

———

브라질은 지구상에서 가장 다양한 동식물을 가진 나라다. 무려 46,000종의 식물과 균류의 고향으로, 그중에서 19,500종은 다른 곳에서는 전혀 자라지 않는다. 브라질너트(*Bertholletia excelsa*)를 포함하여 다양한 난초, 야자, 활엽수, 농작물 등이 그렇다. 높다랗게 솟은 이 나무는 아마존 열대우림에서 가장 키가 큰 나무 중 하나로, 최대 50~60m 높이로 자란다. 이름처럼 브라질에서만 자라는 것은 아니며 볼리비아, 페루, 베네수엘라, 아마존강 유역의 콜롬비아, 기아나에서도 자란다.

이 종은 좋은 목재를 가지고 있지만, 그보다 좋은 평가를 받으며 수확과 수출의 대상이 되는 것은 바로 이 나무의 씨앗이다. 단백질, 탄수화물, 지방이 풍부하고, 훌륭한 미네랄 공급원인 이 씨앗은 브라질너트로 널리 알려졌으며 전 세계에서 수요가 높다. 브라질너트나무는 아마존에서 가장 가치 있는 비목재 작물 중 하나이며 여전히 야생에서 수확되기 때문에 지역 주민을 위한 소중한 수입원이 되고 있다. 우리가 먹는 대부분의 브라질너트는 사실 브라질산이 아니라 볼리비아산이다.

살짝 각이 진 씨앗 또는 견과는 동그랗고 무거운 목질의 삭과(蒴果) 안에서 자란다. 나무에서 1년 이상 자란 삭과는 무게가 2킬로그램까지도 나가며 익고 나면 빠른 속도로 떨어진다. 삭과 하나에 12~25개의 씨앗이 꽉 들어차 있다. 씨앗을 주로 퍼뜨리는 것은 숲에 사는 커다란 설치류인 아구티(agouti)이다. 이 종은 날카로운 이빨과 넘치는 투지로 딱딱한 껍데기를 갉아내고 그 속에 든 영양가 있는 씨앗을 획득한다. 아구티는 먹다가 남은 씨앗을 땅속에 묻어 숨기는 습성이 있는데, 가끔 숨겨둔 장소를 잊어버려 종의 존속에 일조한다. 햇빛이 잘 드는 곳에 묻었다면 씨가 언제가 싹을 틔울 것이고, 그렇게 숲속 어딘가에서 자랄 것이기 때문이다.

브라질너트나무의 가장 특이한 점 중 하나는 길들여지지 않는다는 것이

브라질너트나무는 원산지인 열대우림 서식지에서만 충분한 수확량을 생산한다. 나무의 수분에 필요한 복잡한 생태계의 동반자(난초벌)가 그곳에만 살기 때문이다.

다. 따라서 조림지에서 재배가 성공적이지 못하기 때문에 야생에서 견과를 채집해야 한다. 그 이유는 이 나무가 가진 경이롭고도 난해한 수분 이야기와 관련이 있다. 브라질의 각 생물군계는 많은 종이 서로 의지하며 진화해 온 복잡한 생태환경을 가지고 있다. 종은 이러한 관계가 위협을 받을 때 취약해진다.

큐 왕립식물원의 전(前) 원장이자 열대우림 생태계의 권위자인 길리언 프랜스(Sir Ghillean Prance) 경은 수년간의 연구 끝에 아마존 열대우림에서 수확되는 브라질너트나무가 주변 식물과 동물의 번영에 있어 매우 중요하다는 것을 알게 되었다. 이른 아침 크림색의 투박한 꽃을 수분하기 위해 이 나무가 거의 전적으로 의존하는 것은 몸집이 큰 난초벌(*Coryanthes vasquezii*)이다.

이 암벌은 근처에서 자라는 다양한 난초 종으로부터 향기로운 밀랍을 충분히 모은 수벌하고만 짝짓기를 할 것이다. 만약 이 난초들이 벌목이나 여타의 인간 활동에 의해 사라진다면, 당연하게도 벌들도 함께 사라질 것이다. 그렇게 되면 브라질너트나무의 꽃은 수분을 하지 못하게 되고, 결국 브라질너트도 수확할 수 없게 된다.

브라질너트나무는 이러한 자연적인 관계에 ―벌에서 아구티까지 이르기까지― 크게 의존하기 때문에 농장에서 재배하기가 매우 어렵다. 하지만 견과를 야생에서 지속적으로 수확하는 것도 쉽지는 않다. 다수의 과학 논문을 통해 알 수 있듯, 브라질너트가 자연 서식지에서 원활하게 번식하지 못하고 있다. 미래의 수확량을 보장하기에는 너무나 많은 열매가 채집되면서, 어린나무가 충분한 수량으로 노령의 나무를 대체하지 못하기 때문이다.

국제자연보존연맹(International Union for the Conservation of Nature, IUCN)은 브라질너트나무를 멸종 위기 취약종으로 분류했다. 이 나무의 자연 서식지인 아마존 유역은 생물 다양성의 보고(寶庫)이자 카카오나무와 고무나무처럼 경제적으로 중요한 수많은 나무뿐 아니라 엄청난 경제적 잠재력과 의학적 가치를 지닌 종들의 고향이기도 하다.

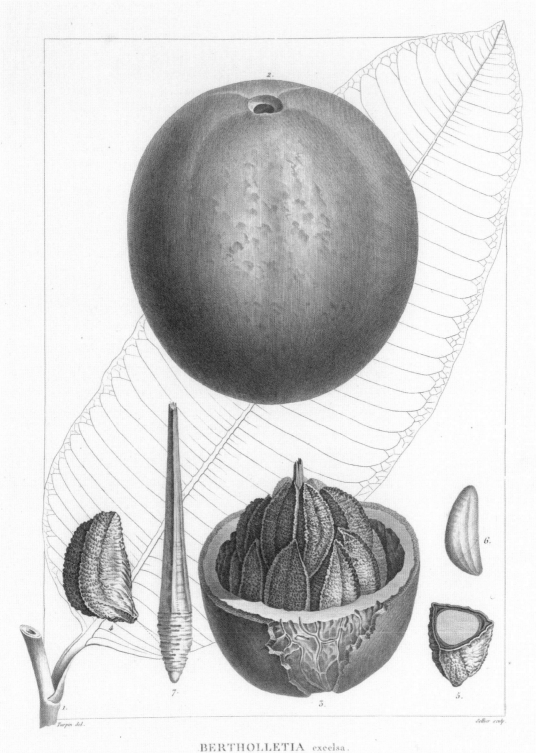

BERTHOLLETIA excelsa.

De l'imprimerie de Langlois

카카오

Cacao

Theobroma cacao

세상의 모든 초콜릿 애호가들은 평범한 열대 나무종, 카카오나무(*Theobroma cacao*)와 카카오가 주는 기쁨을 처음으로 발견한 고대인들에게 깊은 고마움을 표해야 한다. 초콜릿의 재료가 나오는 카카오나무는 중앙아메리카의 고대 마야인과 아즈텍인에 의해 전문적으로 재배되었다. 하지만 최근 연구에 따르면, 그보다 훨씬 이른 5,000년도 더 전에, 남아메리카의 에콰도르 공동체에서 처음으로 카카오를 사용했다고 한다. 마요 친치페(Mayo-Chinchipe) 문명에서 사용했던 도자기를 연구한 결과, 그곳에서 카카오가 음료 형태로 소비되었음을 알 수 있었던 것이다. 카카오의 인기가 수백 년에 걸친 무역을 통해 중앙아메리카 쪽으로 확산되었다는 것이 오늘날의 시각이다.

마야인은 이 나무를 카카우(*kakaw*) 또는 카카와(*kakawa*)라는 이름으로 불렀다. 거기에서 파생된 카카오(cacao)는 현재 학명과 통속명 둘 다 쓰이고 있다. 속명(屬名)을 '신의 음식'이란 뜻을 가진 테오브로마(*Theobroma*)로 명명한 사람은 18세기 분류학자이자 초콜릿 애호가였던 칼 린네다. 카카오는 히비스커스, 오크라 등과 함께 아욱과(Malvaceae)에 속한다. 아마존 열대우림이 원산지로 알려진 카카오나무는 8m 높이까지 자라는 작은 나무이다. 카카오나무는 열대 기후뿐 아니라 그늘과 높은 습도도 필요하기 때문에 열대우림의 하층부에서 잘 자란다. 따라서 카카오나무를 작물로 재배하려면 키가 큰 나무 아래에서 키워야 한다. 오늘날 바나나(*Musa*)나 파라고무나무(*Hevea brasiliensis*) 등이 이 키 큰 나무에 해당하며, 그로 인해 농장주에게는 추가 수익이 발생한다.

카카오나무는 일 년 내내 대단히 작고 섬세하게 생긴 분홍색 꽃을 나무의 몸통 표면에 피운다(이를 간생화[cauliflory]라고 함). 꽃은 각다귀 종에 의해 수분되고 나면, 커다란 꼬투리로 발달한다. 세로줄이 있는 노란색 또는 빨간색의 이 타원형 열매(학술적으로 말하면 장과)는 최대 25cm 길이로 자라며, 30~40개

카카오 꼬투리를 묘사한 이 18세기 그림은 각각의 열매(꼬투리)가 카카오 콩을 둘러싼 달콤한 과육으로 가득 차 있는 모습을 보여준다.

연회와 축제

Cacaos, Cacavifera,
Chocolat ▸ Mandel.

Pl.62.   *Page 101.*

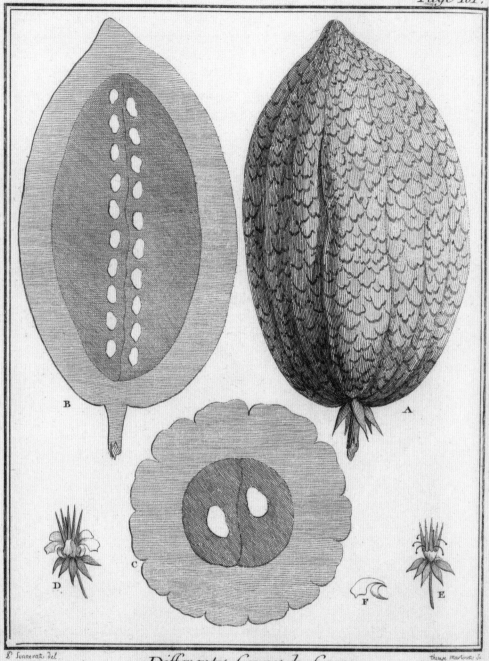

Differentes Coupes du Cacao.

A. *Le Cacao*. B. *Coupe perpendiculaire du Fruit*. C. *Coupe horizontale du Fruit*
D. *la Fleur vüe à la Loupe*. E. *Developpement de la Fleur vüe à la Loupe*
E. *une des Petales vüe à la Loupe*.

의 씨앗 또는 '콩(bean)'이 든 달콤한 흰색 과육으로 가득 차 있다. 풍년에는 건강한 나무 하나가 대략 30개의 꼬투리를 생산할 수 있다.

마야인은 숲에서 카카오나무를 재배하는 법과 콩을 발효하고, 볶고, 건조하고, 가루로 만들어 풀처럼 묽은 반죽으로 만드는 것에 숙달되어 있었다. 이 반죽에 뜨거운 물을 섞은 다음, 높이 들고 다른 용기에 부으면 거품이 있는 음료가 만들어졌다. 훗날, 아즈텍인들도 이 나무를 소중히 여겼고, 현재의 학명에서 알 수 있듯 카카오를 '신의 선물'로 생각했다. 아즈텍인들은 카카오를 자신들만의 방식대로 차갑게 마시는 것을 선호했으며 마실 때는 황금컵과 같은 고가의 도구를 사용했다고 알려져 있다. 카카오 음료는 매우 특별해서, 사회의 엘리트층과 전사들에게만 허락되었다. 평민과 여성, 아이들은 맛도 볼 수 없었다. 카카오 콩은 귀했고 높은 가치를 지녔다. 그리하여 폭넓게 거래되었으며 심지어 통화로도 사용되었다. 카카오는 공물과 제물로 바쳐지기도 했다. 1502년부터 1520년까지 테노치티틀란(Tenochtitlan, 고대 아스텍 문명의 수도 현재의 멕시코시티)의 통치자였던 몬테수마 소코요친 2세(Moctezuma II 또는 Montezuma II)가 카추아틀(cachuatl)로 불리는 거품이 있는 어두운색 음료를 다양한 방식으로 마셨다는 기록도 있다. 바닐라, 고추, 향신료, 꿀, 허브, 꽃 등이 몬테수마 2세가 마시는 초콜릿 음료의 맛을 돋우는 데 사용되었다고 하니, 아마도 이 음료에 약간은 중독되었던 것으로 보인다.

1544년경 스페인 사람들에 의해 유럽에 전파된 카카오는 얼마 지나지 않아 스페인 궁정에서 귀한 음료가 되었다. 16세기가 되자 유럽 전역으로 퍼진 카카오는 처음에는 소화를 돕고 위를 다스리는 약용 음료로 소비되었다. 그러다 마야인들이 했던 것처럼 뜨거운 물을 섞으면서 '초콜릿'이라는 이름이 탄생하였고, 음료의 인기는 점점 높아졌다. 초콜릿 음료는 베르사유에 있는 프랑스 왕실에서 많은 사랑을 받았다. 루이 15세에게는 자신만의 초콜릿 레시피가 있었다고 한다. 17세기에는 오늘날의 커피숍처럼 초콜릿 하우스가 옥스퍼드와 런던에서 성행했다. 영국의 해군 행정관 새뮤얼 피프스(Samuel Pepys)가 1660년대 남긴 기록에 의하면, 그는 종종 모닝 '초콜릿'을 즐겼다고 한다.

초콜릿 애정사에서 또 하나의 중요한 사건이 한스 슬로안 경(Sir Hans Sloane)의 자메이카 방문 이후에 일어났다. 슬로안 경이 중앙아메리카 사람들의 초콜릿 마시는 방법에 감흥을 느끼지 못한 것은 확실했다. '돼지에게나 제격인' 음료라고 생각했을 정도니 말이다. 그는 결국 따뜻한 우유와 설탕을 넣는 레시피를 직접 고안하여 카카오 음료를 훨씬 더 맛도 좋고 보기에도 좋게 만들었다. 18세기가 되자 초콜릿 분쇄와 제조가 유럽 전역에서 인기 있는 사업이 되기 시작했다. 1828년에는 네덜란드 화학자, 콘라드 반 허슨(Coenraad

카카오 열매와 그 속에 담긴 콩은 한때 너무 중요하고 인기가 많아서 통화로 쓰이기까지 했다.

맞은편 열매를 맺은 카카오나무가 수확을 앞두고 있다. 작은 꽃과 꽃의 수분 이후 나오는 꼬투리는 나무 줄기와 가지에서 붙어 자란다.

아래 큐 왕립식물원의 실용 식물 컬렉션은 다수의 식물 생산물을 보유하고 있다. 그중 하나가 사진 속에 있는 트리니다드 토바고 산 순수 카카오 뭉치이다.

van Houten)이 코코아 분말을 만드는 공정을 개발하면서 고형 초콜릿의 탄생을 촉진하였다. 1842년 캐드버리 형제는 영국에서 코코아 버터와 분쇄한 콩으로 만든 분말 초콜릿과 고형 초콜릿을 판매하는 사업을 하고 있었다. 그러나 수입세가 폐지되기 전인 19세기 중반까지도 초콜릿은 여전히 사치품이었다. 그러다 스위스의 초콜릿 제조업자들이 새롭고 경이로운 제품을 개발하면서 수요와 생산이 급증하였다.

언제나 맛있고 먹고 싶은 다크 초콜릿과 순수 카카오가 실제로 건강에도 도움이 되는 것으로 알려졌다. 카카오에 함유된 페놀과 플라보노이드가 항산화 효과를 가지고 있어 암과 심혈관계 질환을 억제한다는 것이다. 카카오는 또한 테오브로민과 카페인 알칼로이드를 함유하고 있는데, 그로 인해 주의력이 향상되기도 하지만 중독 효과가 있을 수도 있다.

오늘날, 초콜릿은 세계 곳곳에서 무수히 많은 형태로 소비되고 있으며 대개는 적당한 가격에 판매되고 있다. 현재 연간 4백만 톤 이상의 카카오 콩이 생산되고 있는데, 머지않아 수요가 공급을 넘어설 것으로 예상된다. 원산지는 열대 아메리카 지역이지만 오늘날 대부분의 카카오는 서아프리카에서 재배되며, 그중에서도 코트디부아르와 가나가 최대 생산국이다. 카카오는 열대지방 전역에 거주하는 약 5~6백만의 소규모 농가에 대단히 중요한 작물이다.

그러나 우리의 사랑을 듬뿍 받는 초콜릿 작물의 안전에 잠재적인 위협이 있다. 불행히도 카카오나무(*Theobroma cacao*)는 유전적 변이성에 한계가 있고 병충해에 타고난 내성도 거의 없는 것으로 보인다. 그 결과 조림지들이 병균 등의 문제로 초토화되기도 한다. 예를 들면, 아메리카 대륙의 서리 꼬투리 썩음병(frosty pod rot)과 빗자루병(witches' broom), 아프리카의 카카오가지팽창바이러스병(cacao swollen shoot virus), 동남아시아의 카카오꼬투리좀벌레(cocoa pod borer) 등 치명적 병균이 있다. 기후변화와 카카오가 재배되는 지역의 빈곤 문제, 그에 더해 수많은 사람들이 생계를 위해 카카오에 의존하면서 위험은 커지고 있다. 그러나 많은 과학자들이 카카오나무를 구할 해결책을 찾기 위해 협력하고 있다. 2010년 최상급으로 평가되는 고대 마야 품종, '크리오요(Criollo)'의 DNA 염기서열이 완벽하게 분석되면서 연구자들은 카카오나무를 질병으로부터 보호하는 유전자를 발견하였고, 따라서 더 강한 나무로 개량할 수 있게 되었다. '카카오나무'의 야생종을 자연 서식지에서 보존하는 일은 우리가 좋아하는 초콜릿의 미래를 지켜줄 귀중한 유전자를 지키는 일이며, 열대우림 보호를 지지해야 하는 또 하나의 좋은 이유가 된다.

연회와 축제

시나몬(실론계피나무)
Cinnamon

Cinnamomum verum

시나몬의 따듯하고 은은한 향은 나무가 자생하는 지역의 기후를 닮았다. 향신료로서 시나몬은 열대 나무인 실론계피나무(*Cinnamomum verum*)에서 나오기 때문이다. 실론계피나무(시나몬)는 현재 인도와 방글라데시, 브라질과 자메이카를 포함한 전 세계의 많은 열대지방에서 재배되지만, 나무의 원산지는 스리랑카다. 우리가 소비하는 진짜 시나몬의 대부분은 지금도 스리랑카에서 생산되며 감식가들도 이 섬의 시나몬이 최고의 풍미를 가진 것으로 평가한다.

실론계피나무는 자생지에서는 7~10m 높이로 자라기도 하지만, 재배 시에는 약 3m 높이를 유지할 수 있도록 가치를 쳐서 수확하기 쉽게 한다. 상록수 종인 실론계피나무는 잎맥이 깊고 광택이 나는 잎을 가졌으며(어린잎은 붉은색을 띤다) 이 잎을 으깨면 톡 쏘는 냄새가 난다. 그러나 향신료를 만들 때 사용되는 것은 녹황색 어린 가지의 내피이다. 이때, 나무의 외피를 긁어낸 후 내피를 벗겨 깨끗하게 씻고 그 내용물을 자연 건조한다. 이 과정에서 내피가 긴 막대 모양으로 둘둘 말리는데, 이것을 우리에게 익숙한 막대 모양으로 잘라주면 된다. 시나몬은 분말 형태로도 판매되며 오일은 잎과 껍질에서 추출된다.

계피나무속(*Cinnamomum*)에는 수백 개의 종이 있지만, ‘*C. verum*’이 가장 은은한 향료를 생산하는 것으로 여겨진다. 이 종은 ‘실론에서 온’을 뜻하는 과거 학명, ‘*C. zeylanicum*’에서 알 수 있듯이, 수백 년에 걸쳐 스리랑카로부터 수입되었다. 한편 현재 이름인 ‘*C. verum*’은 ‘진짜 시나몬’을 의미한다. 같은 속의 나무로는 ‘중국시나몬’ 또는 카시아(cassia)로 알려진 계피나무(*C. cassia*)가 있다. 계피 종으로 만든 향신료는 시나몬보다 역사가 더 길며 고대에는 중국산 계피가 실크로드를 통해 거래되었다. 계피는 시나몬보다 맛이 더 강하고, 현재 생산량이 많아서 가격은 더 저렴한 편이다. 시나몬 분말에 계피를 섞어서 쓰는 일은 지금도 흔하며, 다수의 ‘시나몬’ 베이커리 제품이 실제로는 카시아로 만들어진다.

시나몬을 만들 때는 실론계피나무의 어린 가지에서 얇은 내피를 벗겨 말린다. 내피는 마르면서 우리에게 익숙한 막대 모양으로 자연스럽게 돌돌 말린다.

시나몬과 계피는 수천 년에 걸쳐 거래되며 다양한 방식으로 사용되었다. 헤로도토스와 플리니우스 같은 고대 저술가들은 '시나몬'을 자주 언급했는데, 사실 두 향신료 중에 어떤 것을 의미하는지는 확실하지 않다. 시나몬은 다른 향기로운 향신료들과 함께 구약성서에도 몇 차례 등장하였으며, 고대 그리스인과 로마인에게도 널리 사랑받았다.

고대 그리스의 철학자 플루타르크(Plutarch)가 남긴 기록에 의하면, 이집트의 파라오였던 클레오파트라는 자신의 무덤을 위해 가장 값진 보물을 모으면서 금, 은, 에메랄드, 진주와 함께 시나몬을 포함했다고 한다. 고대에 '시나몬'은 음식을 위한 향신료가 아닌 값비싼 품목이었다. 지금도 곳곳에서 그렇듯, 향과 최음제, 그리고 모든 종류의 질병 치료제로 사용되기도 했다. 고대 이집트인에게 시나몬은 시신을 미라로 만들 때 필요한 재료 중 하나였다.

초기 시나몬 무역은 아랍인들이 독점했지만, 중세가 되자 콘스탄티노플과 베니스의 상인들을 통해 시나몬이 수익성 높은 향신료 무역의 일부가 되어 유럽으로 수입되었다. 유럽 국가들은 시나몬을 비롯한 값비싼 향신료들의 출처를 알아냄으로써 무역 독점을 깨기 위해 경쟁하였다. 15세기 후반이 되자 항로를 탐색하던 포르투갈 모험가들이 시나몬의 출처가 스리랑카임을 알아냈다. 훗날 네덜란드 동인도회사는 향신료 무역에 대한 독점권을 스스로 창출하기도 했다.

오늘날, 우리는 많은 음식과 음료에서 이 열대 나무껍질의 풍미를 여전히 즐기고 있다. 애플파이와 페이스트리에서부터 커리, 타진(tagine, 스튜의 일종), 과카몰리의 몰리 소스에 이르기까지 단 음식과 짠 음식이 다 해당된다. 시나몬 특유의 맛은 수많은 화합물을 함유한 껍질의 휘발성 오일에서 기인한다.

그중에서 가장 향이 강한 것은 신남알데하이드(cinnamaldehyde)로 이 물질은 살균력 또한 가지고 있어서 냉장 수단이 없던 시대에 식품 보존제 역할을 했을 가능성도 있다. 연구에 의하면 시나몬 오일은 항균 성질을 가지고 있고, 혈당, 콜레스테롤, 혈압을 낮추는 데도 도움이 되지만, 앞으로 더 많은 연구가 필요하기는 하다. 중국 전통의학에서는 지금도 계속해서 계피를 메스꺼움과 소화불량, 감기와 열병, 설사와 부인과 질환을 다스리는 데 사용하고 있다.

연회와 축제

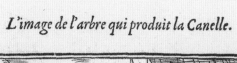

L'image de l'arbre qui produit la Canelle.

Palmae
(Cocoineae)

Taf. II. Cocos nucifera L.

코코넛

Coconut

Cocos nucifera

═══════

'코코넛'이라는 단어는 푸른 바다와 맞닿은 백사장에 하늘거리는 야자수가 줄지어 선 열대의 아름다운 섬을 떠올리게 한다. 우리의 상상 속 코코넛은 열대지방 어디에나 있는 대표적인 야자수다. 다방면에 유용한 코코넛은 열대지방 곳곳에서 재배되어 왔으며, 식품, 음료, 의약품, 건축 재료, 의류, 그 밖의 많은 제품에 사용되고 있다. 그에 걸맞게, 코코넛은 필리핀에서 '생명의 나무'로 불리며, 최소 80개국에서 상업적으로 재배되고 있다.

대부분의 식물학자들은 코코넛의 원산지가 태평양 남서부의 어디쯤일 것이라 생각하지만, 코코넛은 이제 더 이상 야생에서 발견되지 않는 데다, 지구상에서 가장 자연스럽게 확산된 열매 식물이기 때문에 정확한 원산지를 특정하기는 불가능하다. 13세기 후반, 유명한 여행가 마르코 폴로(Marco Polo)는 코코넛을 우연히 접한 후, 이 열매에 대해 매우 정확하게 요약했다. "인도 호두(Indian nut)가 여기에서도 자란다. 크기는 사람 얼굴만 하고, 속에 든 과육은 먹을 수 있는데, 달고, 맛있고, 우유처럼 하얗다. 과육의 빈 공간은 물처럼 맑고, 시원하며, 와인이나 다른 어떤 음료보다 맛있고 부드러운 액체로 가득 차 있다." 18세기의 많은 항해사들과 여행가들도 탐험을 하면서 코코넛에 점점 더 감탄하고 의존하게 되었다.

코코넛은 자연과학의 관점에서는 진짜 나무도 아니고 견과(nut)도 아니다. 식물학적인 의미에서 초본 식물에 속하는 야자나무과(Arecaceae)에 속하는 야자수의 일종이다. 나무처럼 생긴 이 초본 식물은 25m 정도로 자라는 길고 유연한 섬유질의 줄기와 그 위를 덮고 있는 '가늘고 길게 갈라진' 4m 길이의 잎들로 구성되며, 유연한 줄기와 얕은 뿌리 덕분에 해안선에 불어닥치는 강풍을 이겨낸다. 코코넛은 대단히 융통성 있는 식물이어서 다른 야자수와 나무들은 견디지 못하는 염분 많은 모래사장 같은 곳에서도 자란다. 우리에게 친숙한 갈색 '견과'로 말하자면, 이것은 사실 야자수에 열리는 더 큰 열

코코넛 야자의 갈색 '견과(nut)'는 그보다 큰 열매의 핵이다. 열매 속에 든 흰색 과육과 단맛의 액체는 성장하는 새싹을 위한 영양물이다.

맞은편 열대지방의 전형적인 야자수로 여겨지는 코코넛은 유용성이 뛰어나 수많은 나라에서 심어졌다(그림은 싱가포르). 이제는 광범위한 지역에서 귀화식물로 자라고 있기 때문에 코코넛이 처음 생겨난 곳이 어디인지 아는 것은 거의 불가능하다.

아래 코코넛이 바닷가와 모래사장을 따라 자라고 있는 모습을 자주 볼 수 있다. 열매가 바다에 휩쓸리면 먼 거리를 표류할 수 있으며, 완전히 죽지만 않으면 다른 어딘가에서 싹을 틔울 것이다.

매(핵과)의 핵(核)이다. 이 열매의 초록색 섬유질 외피를 벗기면(외피는 코이어 [Coir] 섬유로 사용됨) 안에 든 코코넛을 채취할 수 있다. 자연에서는 이 외피가 종자를 위해 꼭 필요한 역할을 한다. 열매가 조류에 휩쓸려 바다로 떠내려갈 경우, 외피가 가진 부력으로 해안선을 따라 멀리까지 이동할 수 있기 때문이다. 코코넛은 바닷물에서 두 달가량 생존할 수 있는데, 이론상 그 정도 시간에 해류를 타고 움직일 수 있는 거리는 무려 5,000km나 된다. 그 사이 코코넛이 완전히 망가지지만 않는다면 담수 근처에서 종자가 싹을 틔울 것이다.

코코넛의 내부에는 배아가 들어 있다. 흰색 '과육'은 사실상 씨알맹이로 씨가 익으면 단단해진다. 반면에 속에 든 액체는 익을수록 단맛이 강해진다. 견과의 한쪽 끝에 있는 세 개의 특이한 '눈'은 발아 중인 새싹이 나올 수 있는 구멍이다. 알맹이(과육)와 액체는 모두 성장하는 새싹을 위한 영양물이다.

시원한 코코넛 워터는 열대지방에서 안전하고 영양가 높은 음료 역할을 하며 전해질이 풍부한 것으로 알려져 있다. 다만 너무 많이 마실 경우, 이뇨제 역할을 할 수 있고, 무해하게 보이는 이 액체를 통해 칼륨을 과도하게 섭취할 수 있다. 코코넛 워터를 코코넛 밀크와 혼동해서는 안 된다. 수많은 레시피에 사용되는 재료인 코코넛 밀크는 코코넛 과육을 갈아서 만든다. 반면에 코코넛 오일은 건조시킨 코코넛 과육을 압착해서 만든다. 서구권에서는

코코넛 오일이 요리 재료로 점점 인기가 많아지고 있으며, 마가린, 베이커리 제품, 캔디류(사탕, 초콜릿 등) 등의 다양한 식품과 보습제, 비누 등의 화장품 재료로 쓰인다.

더욱 놀라운 사실은 코코넛에 의학적인 효과 또한 있다는 점이다. 과학 연구를 통해 코코넛의 활성 성분을 조사하였더니 이 성분들이 건강에 유익한 효능을 많이 가지고 있는 것으로 나타났다. 신장, 심장, 간 기능 보호에서부터 진통, 소염, 살균 효과까지 있었다. 코코넛의 몇몇 부분―섬유질, 잎, 밀크―은 전통적인 설사약으로 쓰여 왔고, 오일은 피부를 유연하게 하거나, 화상 및 상처를 치료하는 데 사용되어 왔다. 새로운 연구를 통해 코코넛이 전 세계적인 저가 의약품의 공급원이 될 수 있을 것으로 보이면서 이 특별한 식물의 용도가 더욱 다양해질 것이다.

육두구
Nutmeg

Myristica fragrans

16세기와 17세기에 유럽인들은 이 향신료를 직접 구하기 위해 수년간 음모와 기만이 횡행하고 용맹과 혈투가 필요한 세월을 보내야 했다. 수천 명이 이 향신료의 무역 통제권을 놓고 다투느라 목숨을 잃었고, 이것은 한때 금보다 가치가 있었다. 우리가 '육두구'라고 부르는 이 향기로운 향신료는 열대 상록 교목인 육두구나무(*Myristica fragrans*, 몰약[myrrh] 비슷한 향을 의미)의 열매인 핵과이다. 최대 20m 높이의 비교적 큰 나무인 육두구나무는 성장 속도는 느리지만 계속해서 꽃을 피우며, 연간 최대 20,000개의 열매를 생산할 수 있다. 인도네시아 말루쿠 주의 반다 제도가 원산지인 육두구는 소수의 섬으로 이루어진 이 조그만 '향신료 제도'의 촉촉한 화산토에서 번성한다. 1800년대 중반까지 이곳은 육두구가 상업용으로 재배되고 거래되는 유일한 장소였다.

　육두구나무의 열매는 종 모양의 작은 노란색 꽃에서 발달한다. 수꽃과 암꽃이 각각 별개의 나무에서 자라기 때문에(암수딴몸) 수분이 되려면 암꽃과 수꽃 둘 다 필요하다. 수분의 결과로 생기는 열매는 동그랗고 옅은 금색으로 살구를 닮았다. 향기로운 다육질의 겉껍질도 먹을 수 있어서 잼이나 사탕 절임, 디저트로 만들 수 있지만, 향신료가 되는 것은 속에 든 알맹이다. 열매가 익어서 벌어지면 그 안에 타원형의 귀한 육두구가 들어 있다. 단단한 이 갈색의 '견과'는 레이스처럼 생긴 진홍색의 가종피에 둘러싸여 있는데 바로 이 가종피에서 우리는 육두구나무의 두 번째 향신료, 메이스(mace)를 얻는다. 가종피를 분리하여 건조하면 육두구와 비슷하지만 좀 더 은은한 향신료인 메이스가 되는 것이다. 육두구를 갈아서 증류하면 에센셜 오일도 만들 수 있다. 오늘날 육두구 오일은 식품, 음료, 향수, 화장품과 감기약 같은 일부 조제약에도 사용된다.

　15세기 유럽인들에게 육두구의 공급원은 철저하게 미스터리였다. 당시 육두구는 수세기에 걸쳐 거래되고 있었고, 13세기 말 이탈리아 탐험가 마르

이 그림이 그려진 시기인 17세기 초에 육두구의 공급원을 찾아 무역을 통제하려는 경쟁이 절정에 이르렀다.

연회와 축제

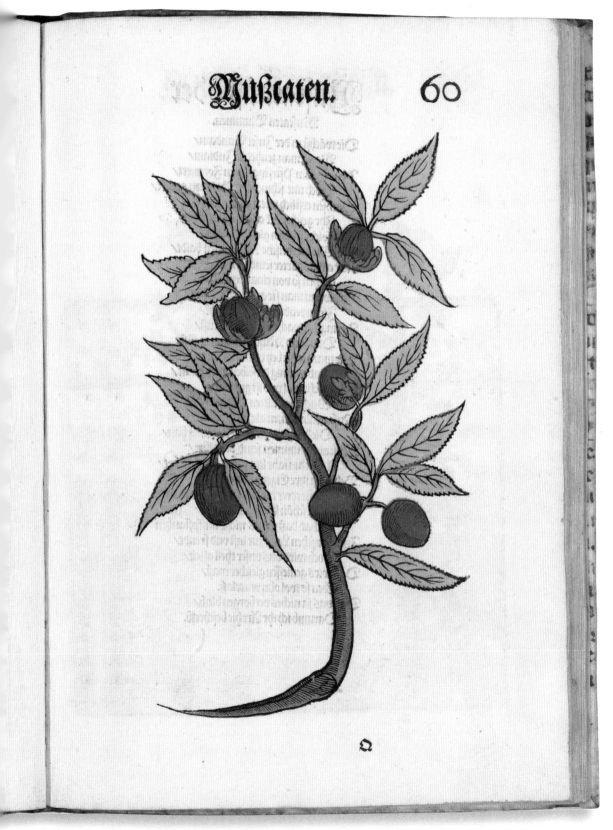

맞은편 익은 열매가 벌어지면
그 안에 타원형의 귀한 육두구가
들어 있다. 단단한 갈색의
알맹이가 레이스처럼 생긴
진홍색의 가종피에 둘러싸여
있는데, 이 가종피를 분리하여
건조하면 육두구와 비슷하지만
좀 더 은은한 풍미를 가진
메이스가 된다.

아래 육두구는 수세기에
걸쳐 그 가치를 인정받으며
거래되었다. 로마인들은
육두구의 존재를 알고 있었고,
인도와 중국에서는 육두구를
사용하였으며, 13세기에
마르코 폴로는 육두구에 대해
기술하기도 했다. 그럼에도
불구하고 육두구나무의
원산지는 수백 년간 풀리지 않는
수수께끼였다.

코 폴로는 육두구를 자바 섬의 '독보적인 재산' 가운데 하나로 묘사하기도
했다. 향신료를 판매하는 것은 베니스의 상인들이었으나, 이들의 향신료 공
급원은 콘스탄티노플과 신비로운 동양에서 온 일련의 상인들이었다. 그러
다 보니 육두구의 정확한 기원을 두고 터무니없는 이야기들이 무성해져 갔
다. 16세기 무렵이 되자 육두구는 향신료는 물론 값진 의약품이자 방부제로
도 높은 평가를 받게 되었다. 그로 인해 육두구 가격이 고공행진을 이어가
자 많은 이들이 육두구가 자라는 땅을 찾아내려고 했다. 시나몬의 경우와 마
찬가지로(78페이지 참조), 반다 제도를 찾아낸 포르투갈인들이 1511년 말라카
항구를 점령하면서 이 경쟁의 승자가 되었다. 그들은 육두구, 메이스, 정향
을 두 대의 배에 가득 실었고, 나중에 자신들이 현지인에게 지불한 가격의 약
1,000배를 받고 팔았다.

육두구는 설사, 소화불량 등 모든 종류의 질병을 치료하는 데 사용되었
다. 엘리자베스 1세 시대 의사들이 육두구를 넣은 향료갑이 흑사병을 막아
줄 것이라고 권고하면서 육두구의 가치는 한층 뛰어올랐고, 그 결과 세계에
서 가장 수요가 많은 거래 품목 중 하나가 되었다. 막대한 부를 쥘 수 있다는
유혹은 영국을 향신료 무역에 끌어들이게 했고, 영국 사람들은 자신들의 몫
을 챙기기로 결심했다. 1603년 제임스 랭카스터(James Lancaster)가 이끄는 탐
험대가 작디작은 룬(Run 또는 Rhun) 섬에 도착했다. 반다 섬에서 16m 떨어진
작은 환초섬이었다. 육두구나무가 많은 이곳에서 원정
대는 현지인들에게 좋은 첫인상을 주었고, 그렇게 무역
이 시작되었다. 그러나 그 지역의 향신료를 독점하고 있
던 네덜란드인들로서는 수익성 높은 이 사업에 라이벌이
생기는 것을 용납할 수 없었을 것이다. 네덜란드인들은
1621년 무력으로 반다 제도를 점령한 후 현지인들을 학
살했으며 생존자는 추방하거나 노예로 팔았다. 그 다음
육두구 조림지를 조성하고, 독점 유지를 위해 네덜란드
동인도회사의 통제권 밖에 있는 육두구나무를 모두 없애
버렸다. 영국은 1667년 네덜란드에 룬 섬을 양도하였고,
그 대가로 당시에는 거의 알려지지 않았던 북아메리카의
맨해튼 섬을 넘겨받았다. 그러나 네덜란드의 독점은 오
래가지 못했다. 영국 탐험가들이 육두구나무를 영국 통
치하에 있는 스리랑카와 다른 열대 식민지로 가져갔기
때문이다. 18세기 프랑스의 식물학자 피에르 프아브르
(Pierre Poivre)는 자신의 이름에 걸맞게(프아브르는 후추라는
뜻) 커다란 위험을 무릅쓰고 반다 제도에서 육두구 종자

나 나무를 훔쳐 나오려는 시도를 거듭했고 마침내, 인도양에 있는 레위니옹 (Réunion)과 모리셔스(Mauritius)에 이 나무를 심는 데 성공했다. 육두구 재배는 그렇게 해서 전 세계로 퍼져나갔다. 카리브해에 있는 그레나다 섬은 오늘날 전 세계에서 가장 큰 육두구 생산지 가운데 하나다.

천신만고 끝에 획득한 이 동양의 진미가 가진 향신료서의 자질과 가치는 지금도 높이 평가되고 있다. 육두구의 향기롭고 따듯한 풍미를 활용할 수 있는 몇몇 요리를 대상으로 수많은 레시피가 존재한다. 육두구는 또한 미네랄과 비타민 B, 항산화 물질의 공급원이며 의약품으로서의 잠재적 효능에 대한 연구가 이루어지고 있다. 예를 들면, 강력한 특정 박테리아로부터의 보호, 간 기능 보조, 항우울제로서의 가능성 등이다. 어떤 이들은 육두구를 약용으로 먹기도 하지만, 과도한 섭취는 알려진 반응이나 환각, 심지어는 사망에 이르는 심각한 결과를 초래할 수 있다. 육두구는 개에게도 매우 유독하다. 흥미진진한 육두구 이야기는 세계 곳곳에서 종자의 무역과 이동이 수백만의 삶과 세계 경제에 어떤 영향을 미쳤는지를 보여주는 또 하나의 사례다.

올리브
Olive

Olea europaea

======

올림포스 신들의 다툼에 등장하는 나무, 유럽 올리브나무(*Olea europaea*)는 인류 역사에서 중요한 역할을 해왔다. 그리스신화에 따르면, 아테나와 포세이돈은 그리스 제1의 도시를 두고 누가 수호신이 될 것인가 다툼을 벌였고, 아테나는 이 도시에 올리브 묘목을 심는 방법을 택했다. 여신의 선물이 매우 유용했기에 시민들은 아테나를 수호신으로 선택했고 그리하여 도시는 아테네라는 이름으로 알려지게 되었다. 올리브는 고귀한 식물로 여겨졌기 때문에 고대 아테네 경기에서 우승한 선수에게는 상으로 올리브오일이 주어졌으며, 올리브나무는 아테네 건설의 상징으로 지금도 아크로폴리스에서 자라고 있다.

올리브나무는 단단한 재목과 열매, 오일이 가진 유용성만으로도 수천 년 동안 매우 가치 있는 상품이었다. 이 나무는 또한 장수, 다산, 영양, 희망, 지혜, 부 등 인생의 모든 축복이 집약된, 매우 상직적인 의미를 가지고 있다. 올리브 가지가 평화의 상징이 된 것은 고대에서부터 기원하며, 그중 가장 잘 알려진 것은 아마도 성서에 나오는 노아의 방주 이야기일 것이다. 지금도 올리브 가지는 보편적인 평화의 상징이다. 유엔(UN)기에서 올리브 가지는 세계 지도를 둘러싸고 있고, 키프로스와 에리트레아 국기, 미국 국장에서도 올리브 가지를 볼 수 있다. 나사의 아폴로 11호 미션에 참여한 우주비행사들은 지구인들의 평화를 염원하는 의미에서 작은 황금 올리브 가지를 달에 두고 오기도 했다.

올리브나무와 그 아종, 그리고 수많은 재배 품종들이 지중해의 타는 듯한 태양과 건조한 열기 속에서 번성하고 있으며 주로 얕은 석회암 토양에서 자라고 있다. 작지만 강인한 이 상록 교목은 높이 10~15m 이상을 거의 넘지 않으며, 귀중한 수분을 유지할 수 있도록 폭이 좁고 광택이 나는 잎을 가지고 있다. 올리브나무는 극심한 스트레스나 산불에도 강하며, 너무 심하게 손상

올리브나무는 지중해 주변의 풍경 그 자체다. 가장 척박한 토양과 거의 비가 내리지 않는 이곳에서 많은 고목들이 여전히 번성하고 있다.

연회와 축제

되지만 않으면 많은 경우 밑동에서부터 다시 자란다. 거친 환경으로 인해 자라는 속도는 느리지만, 비교적 오랫동안 열매를 맺기도 한다. 1960년대, 크로아티아 브리유니 국립공원(Brijuni National Park)에 있는 한 올리브나무의 방사성 탄소 연대를 측정한 결과, 나무의 나이는 무려 1600살이었으며, 그때까지도 매년 30킬로그램가량의 올리브를 생산하고 있었다. 많은 올리브 숲이 수백 년은 된 것으로 알려진 가운데, 이탈리아, 그리스, 몰타, 크로아티아에 있는 일부 나무는 2,000살이라는 주장이 있다. 크레타 섬에는 혹투성이긴 해도 열매를 많이 맺는 올리브나무가 있는데 나이가 무려 3,500살이 넘은 것으로 추정된다. 하지만 나무의 속이 비어서 심재가 없기 때문에 나이 측정은 불가능하다. 예루살렘의 겟세마네 동산에도 상당히 나이 들어 보이는 올리브나무들이 있는데, 방사성 탄소 연대를 측정한 결과 대부분 12세기 것으로 밝혀졌다. 따라서 이 나무들은 십자군 전쟁 시기에 심어진 것일 수도 있다. 하지만 고대 사람들이 올리브나무의 장점과 혜택을 정확히 언제부터 발견했는지는 알 길이 없다. 다만 기록에 따르면, 이스라엘의 고고학 발굴 현장에서 약 20,000년 전에 사용한 것으로 보이는 올리브 씨가 발견되었다고 한다.

올리브나무는 원산지인 지중해 전역에 널리 퍼져 있으며 북아프리카와

아시아에서도 발견된다. 원래 서식지에서 멀리 떨어진 세계의 다른 지역으로 전파되어온 것이다. 올리브나무가 미국 캘리포니아에 처음 들어온 것은 18세기 후반 스페인 선교사들에 의해서였다. 기후가 비슷하다 보니 올리브나무들이 캘리포니아에서도 잘 자랐고 19세기부터 재배가 시작되었다. 현재 올리브 숲이 차지하는 면적은 대략 14,000헥타르에 달하며 캘리포니아에서 개발한 품종을 '미션 올리브(Mission olive)'라고 부른다. 올리브나무는 현재 오일 생산이 증가하고 있는 남아프리카와 호주, 심지어는 인도의 라자스탄에서도 재배된다.

길고 긴 경작의 역사로 인해, 올리브 품종은 현재 1,000개가 넘으며, 올리브나무 아종 6개가 자연 서식지에 흩어져 자란다. 우리가 아는 그 열매(학술용어로는 핵과)는 무리 지어 피는 작은 흰색 꽃에서 발달하며, 꽃의 수분은 바람에 의해 이루어진다. 늦가을이 되면 열매가 익으면서 초록색에서 검은색으로 변한다. 그런데 올리브는 나무에서 따서 바로 먹을 수 없다. 올러유러핀(oleuropin)과 같은 페놀 화합물로 인해 쓴맛이 나기 때문이다. 따라서 올리브는 손상되지 않도록 손으로 따서 물에 헹군 후 며칠 소금물에 절였다가 다시 물로 헹궈야 한다.

최상의 올리브오일은 생올리브를 냉압착한 것이다. 그 결과물인 '엑스트라 버진 오일'은 산도는 가장 낮고 순도는 가장 높다. 영양가가 높고 건강에 도움을 주는 것 외에도, 엑스트라 버진 올리브오일은 예로부터 온갖 종류의 목적을 위해 사용되었다. 왕, 성직자, 운동선수, 제물을 성별(聖別)하고 축복하는 용도뿐 아니라, 등불의 연료, 의약품 제조, 음식물 보존을 위해서도 사용되었으며, 마사지와 클렌징에도 쓰였다.

위 올리브 가지는 평화의 상징으로 오랜 역사를 가지고 있다. 예컨대, 성서에 나오는 노아의 방주 이야기에서 대홍수 이후 밖으로 나온 비둘기가 갓 자란 올리브 가지를 물고 돌아오면서 올리브 가지는 희망과 평화의 상징이 되었다.

맞은편 오래된 올리브 숲은 야생 생물에게 소중한 서식지를 제공하며 수많은 야생화의 개화를 돕는다. 예로부터 시인, 철학자, 화가에게 영감을 주는 대상이기도 했다.

올리브나무는 느리게 자라지만 비교적 긴 시간 동안 계속해서 열매를 맺는다. 올리브오일은 수천 년에 걸쳐 다양한 용도로 사용되며 높이 평가되어 왔다. 그리스 저술가인 호메로스는 올리브에서 압착한 첫 번째 오일을 '액체로 된 금'이라 표현했다.

이 값진 나무의 용도는 거기에서 끝나지 않는다. 견고성과 내구성을 갖춘 목재는 조각과 가구용으로 수요가 매우 높다. 호메로스의 『오디세이아』에서 오디세우스의 침대는 땅속에 뿌리를 내리고 있는 올리브나무로 만든 것으로 묘사된다. 그밖에도 그늘을 만들기 위해, 불길을 막기 위해, 토양의 침식을 억제하기 위해 올리브나무를 심을 수 있다. 올리브 숲은 척박한 지역에서 야생 생물을 위한 소중한 서식지가 되며, 봄이 되면 온갖 야생화로 넘쳐난다. 철학자, 시인, 화가들은 올리브 과수원에서 영감을 받고는 했다. 빈센트 반 고흐는 프랑스 남부의 생-레미-드-프로방스에 있는 요양원에서 회복할 당시 최소 15점의 올리브나무 그림을 완성했다. 그는 프로방스 지역 본연의 풍경이 가진 생명력을 포착하려 애썼고 그로부터 평화와 위안을 얻었다. 동생 테오에게 보내는 편지에서 그는 '올리브 숲의 바스락거림 속에서 매우 비밀스러운, 그리고 까마득히 오래된 무엇인가'를 느낄 수 있다고 썼다.

큐 왕립식물원 소장품 중에는 올리브나무의 다양한 부분을 이용해 만든 각양각색의 물건들이 있다. 그중에는 지팡이, 담배 파이프, 숟가락, 묵주도 있지만, 그 어느 것도 이집트의 소년 왕, 투탕카멘의 묘에서 발견된 올리브 화환만큼 애환을 불러일으키는 것은 없다. 이 화환은 3,300년 전 것이다.

이 중요한 작물의 미래가 우려의 대상이 된 것은 기후변화로 인해 지중해 연안의 기온이 상승하고 가뭄이 증가할 것으로 예측되기 때문이다. 그리고 치명적인 박테리아인 포도피어슨병균(*Xylella fastidiosa*)이 유럽 남부의 올리브 숲 전역에 퍼지고 있기 때문이기도 하다. 그 결과 일부 지역에서는 올리브 생산이 완전히 중단될 수도 있을 것이다. 그러나 우리와 올리브 사이의 문화적, 경제적으로 특별한 관계는 분명 계속될 것이다.

연회와 축제

피칸

Pecan

Carya illinoinensis

━━━━━

미국 남부의 큰 강줄기를 따라 멕시코까지가 원산지인 피칸은 비옥한 토양에서 잘 자라는 나무로, 어릴 때부터 원뿌리를 깊게 내리고 빠르게 성장한다. 그 결과 나무는 높이 40m에 몸통의 최대 직경은 2m에 이르는 크고 우아한 낙엽 교목으로 자라며 깃털 모양의 복엽에는 수많은 잎사귀가 달린다. 봄이 되어 수꽃차례가 모습을 드러내고, 작은 암꽃이 수분되고 나면 탐스러운 견과가 발달한다. 이 견과를 둘러싸고 있는 껍데기는 여물면 네 등분으로 갈라지는 특성이 있다.

피칸나무는 북아메리카가 원산지인 *Carya*속 히코리(hickory, 호두나무과의 나무)의 약 18개 종 가운데 하나이며, 그중에 적어도 한 종 *C. cathayensis*는 동남아시아에서도 자란다. 속명 *Carya*는 '견과류 알맹이'를 뜻하는 고대 그리스어 *karyon*에서 유래했으며, 진짜 피칸나무인 *Carya illinoinensis*는 미국 중서부의 일리노이 주에서 채집된 표본을 대상으로 처음 기술되었을 가능성이 크다. 일리노이 주에서는 피칸을 일리노이 너트(Illinois nut)라고 부른다.

피칸나무의 광범위한 자연 서식지 곳곳에 살았던 수많은 아메리카 원주민들에게 피칸은 소중한 식량원이자 중요한 거래 품목이었다. '피칸'이란 단어는 알곤킨어(Algonquian)에서 온 것으로 '돌로 쳐야 깨지는 견과'를 의미한다. 따라서 이 단어는 피칸뿐 아니라 호두와 히코리 견과 전부를 의미한다. 피칸은 진한 버터 맛이 나며, 어림잡아 피칸 하프 66개(홀 피칸일 경우 33개)면 690칼로리와 일일 지방 권장량의 100퍼센트 이상을 제공할 것이다. 피칸은 또한 식이섬유, 망간, 마그네슘, 인, 아연, 티아민도 풍부하게 함유하고 있다. 요컨대, 생으로 먹든 구워서 먹든, 피칸은 식이 요법에 대체로 좋은 식품이다.

유럽인들이 피칸을 처음 본 것은 스페인 탐험가들이 루이지애나, 텍사스, 멕시코에서 자라는 피칸나무를 발견하면서였다. 얇은 껍질을 벗기면 나오는 주름 잡힌 알맹이 때문에, 탐험가들은 이것을 '주름 견과(*nuez do la arruga*)'라

맞은편 에드먼드 E. 리지엔은 텍사스 주 전역을 돌아다니며 좋은 아비나무가 될 만한 피칸나무를 찾았다. 그리고 꽃가루를 이용하여 어미나무와 인공수분을 시도했다. 이 방법으로 그는 매우 다양한 피칸 변종을 생산하였으며 그 변종들은 현재도 상업용 과수원에서 자라고 있다.

아래 피칸은 키가 큰 관상용 나무로 널리 사랑받는 견과뿐 아니라 그늘도 제공한다.

고 불렀다. 초기 이주민들은 피칸나무를 심기 시작하였고 미국의 다른 지역으로도 가지고 갔다. 토머스 제퍼슨(Thomas Jefferson)도 몬티셀로에서 피칸을 재배했다. 견과류 무역이 발달하자 피칸도 세계의 다른 지역으로 수출되기 시작하였다. 하지만 야생 피칸은 생장 습성과 맛의 자연 변동성이 매우 큰데, 바로 그 점이 성공적인 상업 재배에 단점으로 작용한다. 게다가 나무의 원뿌리가 길어 옮겨심기가 매우 어렵고, 타가 수분을 하기 때문에 견과를 생산하려면 여러 그루의 나무가 필요하다.

원하는 결과를 얻기 위해 접목이 시도되었다. 성공이 요원해 보이는 상황에서 앙트완이라는 노예 정원사가 딱 맞는 특성을 가진 야생 피칸나무를 뿌리줄기에 접목하였고, 마침내 '센테니얼(100주년)'이라는 피칸 품종을 생산해 냈다. 그리고 1874년, 피칸나무에 매혹된 잉글랜드의 가구장인, 에드먼드 E. 리지엔(Edmond E. Risien)은 원산지의 피칸을 재배하고 품종을 개량하기 위해 텍사스 중부의 샌 사바 카운티(San Saba County)로 이주했다. 그는 지역 피칸 대회에서 상을 받은 나무가 있는 곳에서 열매가 주렁주렁 달린 한 나무를 발견했다. 견과를 채집하느라 주요 가지들이 심하게 훼손된 상태였다. 이 나무가 벌채되는 것을 막기 해 리지엔은 주변의 토지와 함께 나무를 사들였고 그곳에 웨스트 텍사스 피칸 묘목장(West Texas Pecan Nursery)을 설립했다. 나무는 곧 회복되었고 새로운 수관이 자라면서 견과를 다시 생산하기 시작했다. 그는 이 커다란 표본목의 열매를 이용하여 16헥타르에 달하는 상업용 과수원을 조성했지만, 어미나무에서 나는 것만큼 좋은 견과를 생산하는 데는 실패했다.

생산량을 늘리고 품질을 높이기 위해 리지엔은 텍사스 주 전역을 돌아다니며 좋은 아비나무를 찾았다. 그리고 수꽃을 채집하여 그 꽃가루로 어미나무와 인공수분을 시도했다. 그 결과, 그는 열매를 풍성하게 맺는 새로운 변종을 많이 생산해냈다. 이 변종들은 지금도 상업용 피칸 과수원에서 '샌 사바 개량종', '텍사스 다산종', '리버티 본드', '웨스턴 슬라이' 등의 이름으로 품종 개량에 이용되고 있으며 수확량이 좋을 때는 나무 한 그루가 450킬로그램 정도의 피칸을 생산한다. 리지엔이 도끼로부터 생

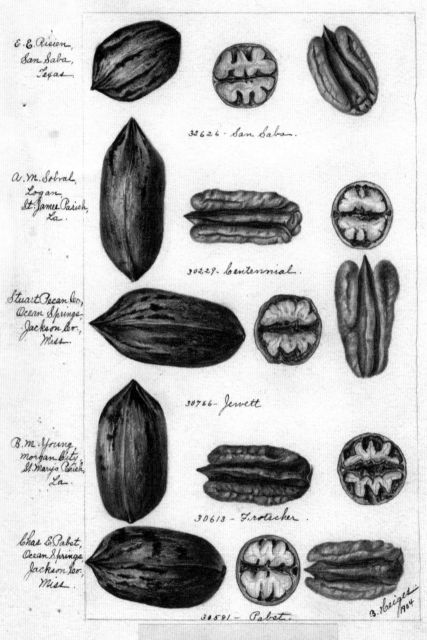

E. E. Risien,
San Saba,
Texas.

32626 - San Saba.

A. M. Sobral,
Logan,
St. James Parish,
La.

30229 - Centennial.

Stuart Pecan Co.,
Ocean Springs,
Jackson Co.,
Miss.

30766 - Jewett

B. M. Young,
Morgan City,
St. Mary's Parish,
La.

30613 - Frotscher.

Chas. E. Pabst,
Ocean Springs,
Jackson Co.,
Miss.

30581 - Pabst.

B. Heiges
1904

PECAN VARIETIES.

Pacanenut Hickory.
Juglans olivæ-formis.

피칸나무는 *Carya*속의 약
18개 종 가운데 하나로 수많은
잎사귀가 달린 깃털 모양의
복엽을 가지고 있다. 수분이 되고
나면 꽃에서 견과가 발달하는데,
각각의 견과는 여물면
네 등분으로 갈라지는 껍질에
둘러싸여 있다.

명을 구한 나무는 이제 '샌 사바 마더 피칸(San Saba Mother Pecan)'이라는 이름을 가진, 텍사스에서는 유명한 나무가 되었다. 샌 사바가 전 세계의 피칸 중심지임이 분명해지면서 1919년 피칸나무는 공식적으로 텍사스의 주목이 되었다.

이 유익한 나무 과(가래나무과)에서 상업적으로 중요한 가치를 가진 것은 견과만이 아니다. 히코리 목재 또한 가구와 바닥재로 사용되며, 미국에서는 고기와 생선을 훈제하여 풍미를 더하는 용도로도 쓰인다. 히코리 목재는 매우 견고하고, 휘지 않으며, 밀도가 높고, 충격에도 강해서 도끼, 곡괭이, 망치의 자루를 비롯해 라크로스(lacrosse), 헐링(hurling), 골프와 같은 스포츠 장비의 손잡이로도 이상적이다. 야구 배트도 처음에는 히코리 목재로 만들었다가 이후 물푸레나무나 단풍나무를 쓰는 추세로 바뀌었다.

감나무
Japanese persimmon

Diospyros kaki

=====

'*Diospyros*'라는 이름은 신성한 열매 또는 신성한 밀을 뜻하는 그리스어에서 파생된 것으로 나무의 소속에 대해 얼마간의 설명을 제공한다. 감나무 (*Diospyros kaki*)는 500~700종의 낙엽수와 상록수, 관목을 포함하는 감나무속의 일원이고, 더 크게는 흑단나무(*Diospyros ebenum*, 152페이지)를 포함하는 감나무과(Ebenaceae)에 속한다.

감나무는 일반적으로 일본감나무 또는 카키(*kaki*)로 알려져 있으며, 그래서 종소명도 '*kaki*'이다. 다른 통속명으로는 중국감나무 또는 동양감나무가 있다. 2,000년이 넘는 경작 역사를 가진 중국과 함께 한국이 원산지인 감나무는 일본에서도 오랫동안 그 가치를 인정받으며 재배되었다. 이후 19세기가 되면서 감나무는 캘리포니아, 브라질, 유럽 남부로 전파되었다.

늦가을이 되면 이 작은 나무의 타원형 잎이 아름답게 물들었다가 떨어지고, 토마토처럼 생긴 커다란 열매가 남는다. '감(simmon)'이라고 불리는 이 열매는 최대 직경이 10cm로, 가지에 매달려 있다가 익으면 윤기 나는 짙은 주황색이 된다. 한국과 일본에서는 수확한 감을 한 줄로 엮어 전통가옥 처마 아래 일렬로 매달아 둔다. 그렇게 햇빛을 받으며 자연 건조되면 단맛이 나는 고열량의 곶감이 된다. 중국에서는 감 껍질을 벗겨 자연 건조한 후 납작하게 눌러 간식으로 먹거나 중식 요리에 사용한다.

감에는 떫은 것과 떫지 않은 것, 두 가지 유형이 있는데, 이 둘은 모양도 약간 다르다. 떫은 품종은 조금 더 타원형에 가깝고 끝이 뾰족하며, 프로안토시아니딘 탄닌(proanthocyanidin tannin) 함유량이 높아 나무에서 완전히 익어 말캉해진 다음에 먹어야 한다. 그렇지 않으면 한 입만 베어 물어도 입이 바짝 말라 다시는 먹고 싶지 않게 될 것이다. 이 감이 완전히 익으면 껍질은 광택이 나는 주황색으로 변하고 속에 든 과육은 걸쭉한 퓌레처럼 물컹해진다. 이 유형이 대개 건조용으로 사용된다. 떫지 않은 유형은 덜 익어 단단하고 아삭

할 때 먹어도 되고 익을 때까지 두었다가 당도 높은 젤리 형태로 먹어도 된다. 그런데 이쯤에서 떫은 감을 대체 왜 먹는지 궁금할 것이다. 그것은 아마 떫은 감이 익으면 떫지 않은 품종보다 훨씬 탁월한 맛을 가진 것으로 여겨지기 때문일 것이다. 동아시아 지역에서는 단감이나 홍시가 식후 디저트로 나오기도 하는데, 감을 여러 조각으로 등분하는 것 자체가 하나의 예술이 된다.

생감이든 곶감이든, 감은 부드러운 섬유질의 식감을 가지고 있다. 식이섬유 함량이 사과의 두 배이며, 비타민 A와 C, 칼륨, 망간, 구리, 인이 풍부하다. 우리가 오늘날 즐겨 먹는 대부분의 다른 상업용 과일과 마찬가지로 이 이국적인 열매에도 여러 품종이 있다. 더 맛있는 열매를 위해 재배업자들이 들인 노력의 결실이다. 감을 주제로 이야기할 때 등장하는 이름이 또 하나 있다. 바로 '샤론 열매(Sharon fruit)'다. 샤론은 사마리아 언덕과 지중해 사이에 위치한 이스라엘의 샤론 평원에서 재배되는 상업용 감의 상표명이다. 샤론은 떫지 않고 심과 씨가 없으며 매우 달다.

감나무속의 다른 종으로 고욤나무(Caucasian persimmon, *Diospyros lotus*)가

있다. 고욤나무는 정원에서 가장 흔히 볼 수 있는 감나무로 같은 분류군 가운데 열매의 크기가 가장 작다. 나무의 통속명 'lotus'는 야자(date) 또는 자두(plum) 맛이 나는 다육질의 열매에서 유래한 것이다. 고욤나무는 카프카스 산맥에서부터 중국과 한국까지를 원산지로 두고 폭넓게 분포되어 있다.

　　미국감나무(*Diospyros virginiana*)는 코네티컷을 포함하여 미국 남동부의 여러 주에서 자생한다. 이 나무는 20m 높이로 자라며 악어가죽을 연상시키는 골이 깊게 파인 나무껍질을 가지고 있다. 나무의 열매인 작고 동그란 감은 붉은 기가 도는 노란색이며 비타민 C가 풍부하여 과일 파이 재료로 인기가 많다. 유럽의 초기 탐험가들은 이 감이 서양모과(*Mespilus germanica*)를 닮았다고 기술했다. 아메리카 원주민들은 이 나무의 열매, 목재, 껍질을 모두 사용하였으며, 말린 씨앗은 미국 남북전쟁 당시 군복 단추로 사용되었다.

사고야자

Sago palm

Metroxylon sagu

━━━━

흔히 '사고야자'로 불리지만 사실은 실내용 식물인 소철(*Cycas revoluta*)이나 타피오카(카사바의 알뿌리에서 채취한 녹말)로 '사고 푸딩'을 만드는 카사바(*Manihot esculenta*)를 진짜 사고야자(*Metroxylon sagu*)와 혼동해서는 안 된다. 사고야자는 말레이시아와 인도네시아 전역의 많은 이들에게 중요한 식량원이다. 야생에서도 자라지만 그 지역의 일부 국가에서도 경작되며, 파푸아뉴기니의 광활한 지역에서 발견되기도 한다. 특히 파푸아뉴기니는 사고야자 종의 다양성을 볼 수 있는 중요한 중심지로 알려져 있다.

사고야자는 약 10m 높이로 자라며 약 5m 길이의 긴 잎들이 나무 위의 수관을 이루고 있다. 사고야자는 일생에 걸쳐 잎의 광합성 작용으로 생성된 녹말을 나무 속 줄기나 몸통 속에 저장한다. 그 결과 줄기가 약 75cm 굵기로 자라고, 밑동은 더 굵어진다. 사고야자가 이처럼 녹말을 저장하는 이유는 충분한 에너지를 비축하여 거대한 꽃 조직을 생성한 후 열매를 맺기 위해서다. 사고야자는 이 과정을 딱 한 번 거치고 생을 마감한다. 이와 같은 종을 흔히 '자살 식물'이라고 부르지만, 학술용어로는 1회 생식 생명 주기(hapaxanthic life cycle)라고 한다. 야생에서 사고야자는 보통 12년 정도의 짧은 수명을 가지며, 꽃을 피우고 번식하게 되면 공 모양의 크고 아름다운 열매를 맺는다. 이 열매가 마르면 초록색에서 구릿빛 갈색으로 변하는데 비늘처럼 생긴 아린이 덮고 있어서 그 모습이 마치 천산갑처럼 보인다.

인간은 사고야자의 꽃이 피기 직전이나 피기 시작했을 때 줄기를 잘라내 이 식물이 비축하고 있는 에너지의 최대치를 활용한다. 전통적인 방식에 따라 줄기 속에 저장된 녹말을 손으로 긁어내 체에 거른 후 물을 넣고 치댄 다음 건조시켜 가루로 만든다. 오늘날에는 완벽하게 기계화된 공장이 이 공정을 수행하기 때문에 시간과 노동력이 절감된다. 공정을 거친 가루는 회색의 점성이 있는 반죽으로 만들어 생선이나 채소와 곁들어 먹기도 하고, 저장과 운

사고야자는 비교적 짧은 기간에 10m 정도의 높이로 자라며 나무 속 줄기에 귀중한 식량원을 저장한다. 마리앤 노스가 자바 섬을 배경으로 그린 이 그림은 바나나나무보다 높이 솟아오른 사고야자를 보여준다.

연회와 축제

Tab: 159.

METROXYLON Rumphii.

연회와 축제

맞은편 사고야자는 일생에 단 한 번 꽃을 피운다. 사고야자는 줄기에 녹말을 저장하고, 거대한 꽃 조직을 생성하며, 열매를 맺고 퍼뜨린 다음 죽는다.

아래 박물학자 알프레드 러셀 윌리스는 사고 가루가 만들어지는 힘든 과정을 관찰했다. 사고야자의 녹말을 몸통에서 긁어내어 체에 거른 후 물을 넣고 치댄다.

반을 쉽게 할 수 있도록 케이크(cake, 납작한 고체 덩어리)로 만들기도 한다. 이 반죽은 푸딩, 젤리뿐 아니라 국수, 만두, 수프를 만드는 인기 재료이다. 사고 '진주(pearl)'는 코코넛 밀크에 졸인 후 종려당을 입혀서 말린 경단 모양의 사고로 말레이시아 사라왁 지역에서 사랑받는 음식이다. 사고야자는 열대지방 사람들이 식량으로 개발하고 이용한 가장 오래된 식물 가운데 하나다. 무엇보다 다른 작물은 잘 자라지 못하는 습지대에서 재배하기 특히 유용한 식물이다.

영국 빅토리아시대의 출중한 박물학자 윌리스(Alfred Russel Wallace)는 찰스 다윈 외에 자연선택에 의한 진화론을 독자적으로 제시한 인물로 동남아시아에서 수년을 보냈다. 그는 여러 지역을 여행하며 수천 개의 표본과 가공품을 수집했고 1869년 펴낸 『말레이제도(The Malay Archipelago)』를 포함하여 몇 권의 책을 집필했다. 뉴기니 섬 서쪽에서 떨어진 말루쿠 제도에 있을 때, 그는 사고 케이크를 수집한 후 다음과 같이 썼다. "사고 핫케이크에 버터를 곁들이면 맛이 아주 좋다. 설탕 약간과 코코넛 분말을 첨가해서 만들면 상당한 별미가 된다. 바로 사용하지 않을 때는 며칠간 햇빛에서 말린다. 그렇게 하면 몇 년은 보관할 수 있다. 그래서 매우 딱딱하고 거칠고 건조하다."

실제로, 큐 왕립식물원 실용 식물 컬렉션에는 윌리스가 수집하여 1858년 보낸 돌처럼 딱딱한 사고 케이크가 여러 개 있다. 이제는 색도 바래고 먹진 못하지만, 이 물건을 얼마나 오랫동안 보관할 수 있는지 보여주는 증거가 될 수 있다. 사고 케이크는 지금도 뉴기니 섬의 많은 곳에서 같은 유형의 사고를 볼 수 있는 이유에 대해, 연결고리를 제공하기도 한다.

석류
Pomegranate

Punica granatum

초기의 본초서들은 석류에 관해 호기심을 끄는 항목들을 다수 포함하고 있다. 이는 주로 서기 1세기 그리스 의사 페다니우스 디오스코리데스(Pedanius Dioscorides)의 저술에서 인용한 것이다. 본초서 저자들은 석류의 상큼한 즙에 대해 묘사하고 있으며 여러 질환 가운데 혈액, 간, 침침한 눈, 속쓰림에 효과가 좋다고 주장한다. 플랑드르의 의사이자 식물학자인 렘버트 도둔스(Rembert Dodoens)의 1578년 『신본초서(A New herbal)』를 보면 '석류즙은 위에 매우 좋다. 위가 약해졌을 때는 강장제 역할을 하고, 속이 메슥거릴 때는 달래주며, 쓰릴 때는 진정시켜 준다'고 나와 있다. 책에는 세 가지 유형의 열매가 기록되어 있는데, 낡고 바랜 페이지 위에 그려진 연필화는 놀라울 정도로 정밀하며, 나무와 열매에 대한 그의 해박함을 잘 보여주고 있다.

인류가 영롱하게 빛나는 심홍색의 석류 씨에 대해 알고 음미하기 시작한 것은 위에서 언급된 오래된 본초서들보다 훨씬 더 전으로, 심지어 고대 그리스 이전으로 거슬러 올라간다. 이란과 터키 북부가 원산지로 추정되는 석류는 고대부터 지중해 연안에서 재배되었다. 고대 이집트와 메소포타미아에서 발견된 문헌을 참고하면 석류는 이란과 터키 북부가 원산지이고 열매와 꽃이 수천 년간 대중의 사랑을 받았다. 고대 이집트의 건축가이자 18대 왕조(3,000년 이상 전) 초기 관리였던 이네니(Ineni)의 무덤에는 테베에 있는 그의 정원에서 재배한 350개 이상의 식물이 나열되어 있으며 그중에는 석류나무 다섯 그루도 있다. 이네니가 섬긴 파라오 가운데 한 명인 투트모세(Tuthmosis) 3세 역시 정원을 사랑했다. 카르나크(Karnak)의 아문 신전(temple of Amun)에 있는, 이제는 식물원으로 사용되는 방에는 투트모세가 소아시아 출정에서 채집한 모든 이국적인 식물이 벽에 양각으로 새겨져 있다. 그중에는 눈에 잘 띄는 석류도 포함되어 있다.

터키 남부 연안 울루부룬(Uluburun) 인근의 고대 난파선(기원전 1306년으로

아름다운 삽화가 담긴 11세기의 건강 서적 『타쿠이눔 사니타티스(Tacuinum Sanitatis)』에 석류가 등장한다. 이후, 렘버트 도둔스는 '메슥거리는 속'을 달래는 방법으로 석류를 추천했다.

연회와 축제

Granati acetofa. ꝯplo.fra.   Electo q̃ funt multe fucofitatis. uuuniti₃ epi cũ. ꝯfer.
nocumitum nocent pectoꝝ. Remio nocumiti cum calce melito. Quid gñant chimum mo
dicum. Nag ꝯueniit calis. iuuenibꝫ. eftate. cale regioni.

맞은편 석류의 독특한 열매는 번영과 미덕, 다산의 상징으로 여겨진다. 아마 석류에 든 수많은 씨 때문일 것이다.

아래 석류는 전 세계의 아름다운 책에 등장한다. 아래. 19세기 일본의 그림 설명서인 이와사키 츠네마사의 『본초도감』도 그중 하나다.

추정)에서 발견된 귀중한 화물 중에는 석류로 가득한 항아리가 있었다. 배에 실린 다른 물건으로는 흑단, 테레빈나무(향료 수지), 코끼리 상아, 구리괴 등이 있어서 그 당시 석류도 사치품으로 취급했음을 알 수 있다. 석류는 또한 도자기를 비롯하여, 유리, 상아, 귀금속으로 만든 장신구와 장식품, 족자, 모자이크, 주화 등의 고대 미술품에 자주 등장하는데, 이를 통해 석류가 어떤 대접을 받았는지가 더 확실해진다.

이렇게 오래전부터 석류는 음식과 음료, 의약품의 형태로 지중해 및 근동 지역의 문화와 관계를 맺어 왔다. 석류는 조로아스터교, 유대교, 기독교, 이슬람교를 포함한 종교에서도 중요했으며, 대개 번영과 미덕, 다산의 상징이었다(석류에 들어 있는 많은 씨 때문이었을 것이다). 이 상징적인 역할이 이후로도 계속되면서 석류는 유명한 화가들의 작품에도 등장한다. 대표적인 예로, 산드로 보티첼리의 '성모마리아의 송가(*Madonna of the Magnificat*, 1483)'와 단테 가브리엘 로세티의 '페르세포네(*Proserpine*, 1874)'가 있다.

로세티의 그림은 물론 그리스신화의 페르세포네와 죽음과 지하세계의 신 하데스를 표현한 것이다. 신화에 따르면, 하데스는 제우스와 데메테르의 딸이자 '대지와 수확의 여신'인 페르세포네에게 반해 그녀를 납치하여 지하세

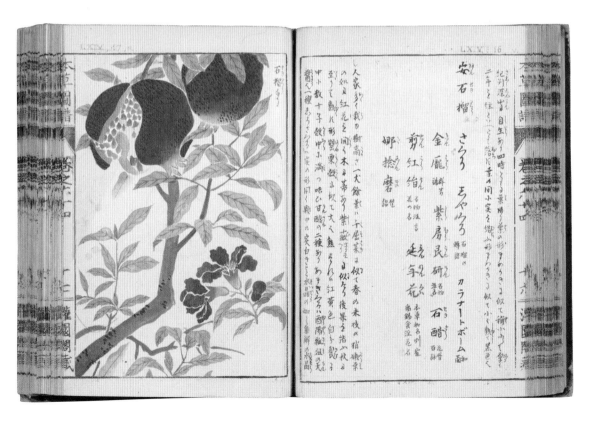

계에 있는 자신의 왕국으로 데려간다. 이에 데메테르는 페르세포네를 되찾게 해달라고 제우스에게 간청한다. 하데스도 마침내 페르세포네를 보내주기로 동의하지만, 그녀를 속여 석류 씨를 먹게 한다. 지하세계에서 음식을 먹은 대가로 페르세포네가 일 년 중 몇 개월은 다시 하계로 돌아갈 수밖에 없도록 만든 것이다. 그녀가 없는 몇 개월 동안 지상에는 그 어떤 작물도 자라지 않았는데, 이것으로 계절이 생기는 이유를 설명할 수 있다.

1509년 잉글랜드의 헨리 8세와 결혼한 아라곤의 캐서린(Catherine of Aragon, 카탈리나 다라곤 왕녀)은 다산과 부활의 상징인 석류를 자신의 문장에 넣었다. 하지만 잉글랜드에 첫 번째 석류나무가 들어온 것은 그보다 훨씬 뒤인 1610년경이며, 유력한 식물 수집가였던 대 존 트러데스컨트(John Tradescant the Elder)가 파리에서 석류나무를 구입해 들여온 것으로 알려져 있다. 석류나무가 미국에 처음 전파된 것은 18세기로, 아마 스페인 이주민들에 의해서였을 것이다. 미국의 3번째 대통령 토머스 제퍼슨은 1771년 몬티셀로에 있는 자신의 과수원에 석류를 심었다.

오늘날, 원종과 500개 이상의 품종이 중국, 일본, 동남아시아, 아프가니스탄에서 미국의 캘리포니아와 애리조나에 이르기까지 세계 곳곳에서 재배되고 있으며, 여름이 따뜻하고 건조한 지역에서 번성한다. 석류나무는 자생할 경우, 6~10m의 높이로 자라는 작은 나무지만 과수원에서는 가지치기를 통해 여러 개의 줄기를 가진 나무로 재배된다. 빨간색이나 빨간색과 주황색이 섞인 화려한 꽃이 5월부터 가을까지 피는데, 꽃자루 끝에 하나씩 피거나 작게 무리 지어 피어나 다양한 곤충을 수분 매개체로 끌어들인다. 라틴어 이름을 번역하면 '씨가 많은 사과'로, 이 열매 또는 장과에 잘 어울리는 표현이다. 석류 한 개에 들어가는 씨의 개수는 200개에서 1,400개까지 다양하며, 각각의 씨는 달콤한 다육질의 껍질, 즉 육질종피로 둘러싸여 있다. 씨는 부드러운 흰색 막에 의해 빽빽하게 뭉쳐 있고 이를 가죽처럼 두꺼운 껍질이 둘러싸고 있다.

석류 씨는 통째로 다양한 요리에 사용되며 열매는 압착해서 주스나 석류즙으로 만들기도 하고 걸쭉하게 하여 석류 당밀로 만들기도 한다. 석류의 나무껍질, 열매, 꽃은 예로부터 다양한 치료제 및 미약으로도 사용되었다. 오늘날, 우리는 석류(특히 '원더풀' 같은 일부 품종)에 심장병과 암의 위험을 낮춰줄 수 있는 항산화 물질, 폴리페놀이 다량 함유되어 있다는 것을 안다. 당뇨와 고혈압에 대한 효과를 포함하여 석류가 가진 건강상의 이점에 대해 현재 많은 연구가 진행 중이며, 석류는 이제 '슈퍼푸드'로 간주된다. 석류는 수천 년간 대단히 좋은 평가를 받아왔으며 사람들은 역사도, 생긴 것도 남다른 이 특별한 열매를 먹고 즐길 수 있는 새로운 방법을 계속해서 궁리하고 있다.

Woods Salcombe
Aug 10. 1895.

Pinus
Pinea
The stone or umbrella Pi

우산소나무
Stone pine

Pinus pinea

═══════

청명한 파란 하늘과 대비되는 우산소나무(*Pinus pinea*)의 어두운 실루엣은 프랑스, 이탈리아, 그리스, 스페인, 포르투갈의 지중해 연안 지역에서 매우 익숙한 풍경이다. 최대 높이 25m의 홀쭉하고 민둥한 몸통에 바깥쪽으로 길게 뻗은 가지들이 위쪽의 수관을 형성하고 있어, 나무의 전체적인 모습과 습성은 정말이지 커다란 파라솔을 닮았다. 그래서 '우산소나무' 또는 '파라솔소나무'라는 통속명도 있다. 우산소나무는 흔히 그림 속에나 나올 듯한 기묘한 각도로 기울어 있다. 그에 더해 이 나무만의 차별되는 특징은 깊게 골이 패어 있고, 널빤지처럼 생겼으며, 불에 강한 적갈색 나무껍질이다. 오늘날 이탈리아 르네상스식 정원의 상징적인 풍경 요소이자 로마의 상징으로 흔히 여겨지지만, 우산소나무의 자생 지역은 폭넓게 분포되어 있다. 유럽 남부의 숲과 마키 관목지대(maquis shrubland) 전역, 이스라엘, 레바논, 시리아에서 알레포소나무(Aleppo pine, *Pinus halepensis*), 상록성 털가시나무(holm oak, *Quercus ilex*), 코르크참나무(*Quercus suber*)와 함께 자란다.

이탈리아의 유명한 고고학 유적지 중 하나인 아피아 가도는 고대 로마의 군용 도로로, 로마와 이탈리아 남동부의 브린디시를 연결하고 있다. 아피아라는 이름은 아피우스 클라우디우스 카이쿠스(Appius Claudius Caecus)에서 온 것으로, 그는 삼니움 전쟁 당시인 기원전 312년 가도의 남쪽 첫 번째 구역을 건설한 로마의 감독관이다. 현재 아피아 가도는 카리스마 넘치는 우산소나무들이 줄지어 서 있는 인기 관광지이다. 처음부터 이 나무를 심은 것은 우산 모양의 수관을 이용해 한낮에 행군하는 로마군단에 필요한 그늘을 제공하기 위함이었을 것이다. 오늘날 아피아 가도를 찾은 관광객들에게 그늘을 제공하듯이 말이다.

우산소나무의 솔방울은 성숙 기간이 36개월 이상으로, 총 100종의 소나무 가운데 가장 오랜 시간이 걸린다. 여물어서 무거워진 솔방울이 돌처

우산소나무의 바늘처럼 생긴 유연한 잎은 길이 10~20cm이며 다발로 무리 지어 자란다. 씨를 품고 있는 솔방울은 길이가 8~15cm이고, 성숙 기간은 다른 소나무보다 긴 36개월이다.

럼 딱딱한 껍질을 벌리면 그 안에 잣(piñon 또는 pinoli)으로 불리는 식용 소나무 씨가 들어 있다. 씨를 둘러싼 이 딱딱한 껍질에서 대중적으로 많이 쓰이는 '돌소나무'라는 통속명이 유래한 것으로 보인다. 씨 1,000개의 무게는 대략 718그램 정도 되는데, 씨마다 작은 날개가 달려 있기는 하지만 바람을 타고 효과적으로 분산되기에는 너무 무겁기 때문에 전파는 대개 동물에 의존한다. 특히 이베리아반도 까치와 설치류가 중요한 전파 매개체 역할을 하며, 최근에는 인간이 소나무 씨를 확산시키고 있다. 잣(소나무 씨)은 수천 년에 걸쳐 요리 재료로 사용되어 왔으며 특히 로마인들의 사랑을 받았다. 심지어 영국의 춥고 외진 북부 지방에 있는 로마군 야영지의 쓰레기 더미에서 솔방울 껍질이 발견되기도 했다. 잣을 별미로 생각했던 군인들에게 식량으로 보낸 것이다.

오늘날 수백만 킬로그램의 잣이 매년 상업용으로 수확된다. 수확은 고리가 달린 장대를 이용하며 여물긴 했지만, 아직 벌어지지 않은 솔방울을 채취한 다음 열을 가해 잣을 껍질 밖으로 나오게 한다. 잣은 단백질과 티아민(비타민 B)이 풍부하고 프랑스와 이탈리아 요리에 다양하게 사용된다. 바질, 파르메산 치즈나 페코리노 치즈, 마늘, 소금, 올리브오일과 함께 페스토 소스를 만드는 주재료 중 하나다. 카탈루냐 지방에는 잣을 이용한 또 하나의 인기 레시피가 있다. 18세기부터 시작된 '빠네츠(Panellets)'라는 디저트로, 마지팬을 경단 모양으로 빚은 다음 겉에 잣을 입힌 작고 동그란 케이크다. 현재 중국잣나무(Pinus armandii)와 우리나라 잣나무(Pinus koraiensis)에서 수확한 좀 더 저렴한 소나무 씨가 수입되고 있지만 우산소나무 씨는 여전히 최고의 풍미와 쓴맛이 없는 것으로 유명하다. 줄기에서 수지를 채취하여 바니시로 사용하거나 바이올린 활과 발레 슈즈에 필요한 로진의 원료로 쓰기도 한다.

원래 지중해가 원산지이긴 하지만, 우산소나무는 현재 기후가 적당한 다른 지역에서도 재배되고 있다. 나무는 16세기 처음 영국 제도에 수입되고 18세기부터 관상용으로 심어진 것으로 추정된다. 큐 왕립식물원 수목원에는 수입 초기에 심어진 기묘하게 생긴 우산소나무가 있다. 윌리엄 후커 경이 1846년에 심은 이 나무는 오랫동안 화분에서 자라서인지, 줄기에서 자란 몇 개의 커다란 가지들이 지면에서 겨우 1m 떨어진 높이에 있어 그 모습이 분재를 연상시킨다. 원산지에서 전형적으로 볼 수 있는 키가 크고 민둥한 줄기와 웅장한 성장 습성과는 매우 다른, 독특한 형태로 성장했다.

위 여물긴 했지만 아직 벌어지지 않은 우산소나무의 솔방울을 채취한 다음 열을 가해 '잣'이라고 불리는 씨를 껍질 밖으로 나오게 한다. 솔방울이 딱딱한 껍질에 둘러싸여 있는 모양에서 대중적으로 쓰이는 통속명이 유래한 것으로 추정된다.

맞은편 우산소나무의 일반적인 모양과 습성이 크고 넓은 파라솔을 연상시키기 때문에 나무는 우산소나무 또는 파라솔소나무로 알려져 있다.

연회와 축제

78

A

Pinus Pinea Lin

우산소나무

113

바다독나무, *Barringtonia asiatica*

치유의 나무와
죽음의 나무

식물은 스스로 건강한 상태를 유지하고 포식자의 먹이가 되지 않기 위해 수많은 종류의 활성 화합물을 만들어 낸다. 우리는 대개 시행착오를 통해 식물이 가진 무기 중에서 가장 효력 있는 것들을 이용하는 법을 알게 되었다. 그것이 약이 되든 독이 되든 말이다.

큐 왕립식물원이 발간한 『2017 세계식물보고서』에 따르면, 최소 28,187개의 식물 종이 현재 의약용으로 등록되어 있으며, 실제로 세계 곳곳에서 이 식물들은 의약품의 주원료로 쓰이고 있다. 그러나 식물을 다른 방법이 없을 때만 사용하는 단순한 '민간요법' 정도로 간주해서는 안 된다. 식물은 강력한 치료제이며 식물에서 발견한 활성 화합물을 가지고 매년 새로운 조제약이 개발되고 있다. 예를 들면, 은행나무는 중국 전통의학에서 다양한 질병을 대상으로 오랫동안 사용되었지만 지금도 현대 의학에 응용하기 위한 연구가 진행 중이다.

나무에서 추출한 약품 가운데 역사상 가장 유명한 것 중 하나는 단연 퀴닌(기나나무)이다. 퀴닌은 말라리아를 예방하고 치료하는 약물로 지난 200년간 셀 수 없이 많은 이의 생명을 구했다. 퀴닌이 없었다면 위험했을 지역에서 사람을 살 수 있게 했다. 좀 더 최근에는 주목의 껍질과 잎에서 추출한 파클리탁셀이 항암 치료제로 개발되었다(61페이지 참조). 하지

만 꼭 드라마틱한 의학적 효과가 있어야만 쓸모 있는 나무가 되는 것은 아니다. 우리의 일상에 도움이 되는 방법은 그것 말고도 많기 때문이다. 인도의 님나무는 광범위한 항균성을 가지고 있어 '동네 약국'으로 불리며 심지어는 치약 성분으로도 사용된다. 호주의 멜라루카는 처방전 없이도 살 수 있는 약품 수납장의 기본 살균제가 되었다.

하지만 식물은 우리의 치료를 돕는 만큼 우리에게 해를 입힐 수도 있다. 때로는 같은 종이 상반된 결과를 만든다. 사람을 죽이기도 하고 치료하기도 하는 것은 단순히 복용량의 문제일 수 있다. 하지만 아예 취급조차 해서는 안 되는 종도 많다. 마전자나무은 우리가 상상할 수 있는 한 가장 참혹한 죽음을 초래할 수 있음에도, 비교적 최근까지 가정에서 쥐약으로 사용되었다. 독성이 강한 만치닐나무의 열매는 단연코 멀리해야 한다. 이 나무의 우유빛 수액마저도 고통스러운 물집과 화상을 초래할 수 있다. 바다독나무는 이름값을 제대로 하는 나무지만, 전통의학에서 소량을 이용하여 다양한 증상을 치료하기도 한다. 치명적이지는 않아도 확실히 불편한 증상을 초래하는 것도 있다. 움벨룰라리아의 잎은 두통을 유발하는 휘발성 오일을 배출한다. 하지만 역으로 두통을 치료할 수도 있다고도 여겨진다.

은행나무
Maidenhair tree

Ginkgo biloba

———

은행나무(*Ginkgo biloba*)는 중국이 원산지인 장수목으로 일부 개체는 2,500살 이상 된 것으로 알려져 있다. 그러나 이 나무의 역사는 그보다 훨씬 더 전으로 거슬러 올라간다. 은행나무는 살아있는 화석이다. 공룡이 지구를 배회하던 시대, 그러니까 대략 2억에서 1억 7,500만 년 전에도 은행나무는 북반구에 널리 분포되어 있었다. 고대 종(*Ginkgo buttoni*)이긴 해도 은행의 화석 잎이 암석에 보존되어 있는 것을 볼 수 있다.

'*Ginkgo*'라는 이름은 흥미로운 역사를 가지고 있다. 추정컨대, '은색 살구'를 뜻하는 나무, '긴쿄(ginkyo)'의 일본어 이름을 옮겨 쓰면서 실수가 있었던 것이다. '*Ginkgo*'라는 이름이 등장한 것은 서구 최초로 이 나무에 대한 설명이 들어간 간행본이다. 저자는 독일의 식물학자 엥겔베르트 캠퍼(Engelbert Kaempfer)로, 그는 1690년부터 1692년까지 일본 나가사키에 머무는 동안 일본 사원의 정원에서 이 나무를 처음 접했다. 실수를 영영 돌이킬 수 없게 된 것은 1771년 칼 린네가 이 나무를 학술적으로 기술하면서부터다. 린네는 '*biloba*'를 종소명으로 추가했는데, '두 개'를 뜻하는 라틴어 '*bis*'와 '갈라진 잎 모양'을 뜻하는 라틴어 '*loba*'가 합쳐진 '*biloba*'는 잎이 두 개로 갈라진 은행나무의 독특한 잎 모양을 의미한다. '*Ginkgo*'는 통속명으로도 쓰이며 또 다른 이름으로는 은행나무(maidenhair tree)가 있다. 이 이름은 은행나무 잎과 공작고사리(maidenhair fern, *Adiantum capillus-veneris*) 잎의 유사성을 말해주고 있다. 특색있는 잎 모양 때문에 중국에서는 은행나무가 오리발을 뜻하는 '이조(I-cho)'로 불리기도 한다. 또 다른 이름으로는 '대부 나무(godfather tree)'가 있는데, 한 세대에서 심은 나무가 한두 세대가 지나 열매를 맺기 시작하기 때문에 붙은 이름이다.

은행나무는 20~30m 높이로 자라는 아름다운 나무로, 원줄기에서 갈라져 나온 가지가 얼마 없는, 매우 특이한 분지 체계를 가지고 있다. 화창한 가

은행나무는 1771년 칼 린네에 의해 '*Ginkgo biloba*'라는 학명을 갖게 되었다. 그가 '두 개'를 뜻하는 라틴어 '*bis*'와 '잎 모양'을 뜻하는 라틴어 '*loba*'를 합쳐 종소명을 '*biloba*'로 지은 것은 잎 모양을 표현하기 위해서였다. 암나무에서 익은 열매는 불쾌한 냄새를 풍기지만 씨 알맹이만큼은 별미로 평가된다. 이 그림은 19세기 중반 중국에 머물고 있던 로버트 포춘이 중국인 화가에게 의뢰한 것이다.

치유의 나무와 죽음의 나무

은행나무

치유의 나무와 죽음의 나무

오늘날, 낙엽이 지기 전의 은행잎은 초록색에서 가장 찬란한 황금색으로 물들며 생기 넘치는 풍경을 만들어준다. 한때는 솔방울식물(침엽수)로 분류되어 주목과 같은 과(Taxaceae, 주목과)에 속했지만, 현재는 솔방울식물에서 분리되어 자체 목(目)인 은행목(Ginkgoales)에 속해 있다. 은행목에는 은행나무 한 종밖에 없다. 은행나무는 암수딴몸, 즉 암나무와 수나무가 따로 있는 나무다. 수나무는 꽃가루가 들어 있는 작은 '수 포자 이삭'을 생산하는 반면, 암나무는 껍질이 딱딱한 씨를 맺는다. 이 씨는 다육질의 종피 속에 들어 있는데 익으면 연노란색이 되고 크기와 모양은 살구와 비슷하다. 안타깝게도 이처럼 아름다운 나무에게는 온대 지방에서 가장 냄새가 고약한 나무 중 하나라는 평판이 있다. 씨(은행)를 둘러싼 육질종피에 부티르산(butyric acid)이 함유되어 있는데, 그로 인해 열매가 익으면 역한 냄새가 난다. 이 냄새는 고기 썩는 냄새와 마찬가지로 야행성 동물을 유인하여 먹고 그 씨를 퍼뜨리도록 만든다.

고약한 냄새에도 불구하고, 은행은 동양 요리에서 별미로 인정받아 많은 음식에 이용되며, 최음제 성질이 있는 것으로도 여겨진다. 중국 전통의학에서는 오랫동안 은행나무 잎과 은행을 소화불량, 천식, 폐질환 등의 질병 치료에 사용해왔다. 좀 더 최근의 연구에 의하면, 잎에 함유된 항산화 물질이 혈

맞은편 유럽에 최초로 들어온 은행나무 중 하나는 큐 왕립식물원의 새로 지은 수목원에 1762년 심어졌다. 옥수수같이 생긴 노란색의 꽃을 피우는 수나무이다. 가을이 되면 낙엽 지기 전의 은행잎이 초록색에서 짙은 금색으로 물든다.

위 은행은 원산지인 중국에서 오랫동안 재배되어 왔으며 1730년 중국에서 일본을 거쳐 유럽에 처음 소개되었다. 위에 보이는 일본 그림은 『본초도감』에 수록된 것으로, 이 식물학 서적은 총 93권으로 구성되어 있다.

류를 증가시킨다고 하니 이를 혈액순환과 관련된 질병 치료에 응용할 수 있을지도 모르겠다. 은행 추출물이 기억력과 집중력을 향상시키고 치매에 도움이 된다는 주장도 있다. 그러나 주의해야 할 것이 있다. 은행이 완화시킨다는 그 수많은 질병의 치료와 관련하여 효과를 입증할 임상학적 증거는 없다. 따라서 은행의 약효를 확인시켜줄 과학 연구가 추가로 필요하다.

가장 부피가 크고, 4,000~4,500살로 나이가 가장 많은 것으로 추정되는 은행나무는 중국 남서부 구이저우성(귀주성)에 있는 리지아완 '은행나무의 왕'(Li Jiawan 'Grand Ginkgo King')일 것이다. 높이 약 30m에 몸통 직경 4.6m, 몸통 둘레 15.6m인 수나무로, 나무의 속은 현재 완전히 비어 있다. 그 밖에도 많은 고대 표본들이 전 세계에 분포되어 있으며, 특히 중국, 한국, 일본의 사원에서 볼 수 있다. 그중 장대한 표본 하나가 쓰촨성(Sichuan province)의 렁지(Lengji)라는 작은 마을에서 자라고 있는데, 2005년 측정한 바에 따르면 높이 30m, 둘레 12.4m이며, 심지어 나무 안에 사원이 세워져 있다. 이 나무는 삼국시대 정치가이자 저술가였던 제갈량이 군사원정에 나섰다가 심은 것이라고 전해지는데, 그것이 사실이라면 나무의 나이는 1,700살이 넘는다.

은행나무는 1730년경 중국에서 일본을 거쳐 처음 유럽에 전파되었다. 그 최초의 나무들 중 한 그루는 1762년 큐 왕립식물원의 새로 지은 수목원에 심어졌다. 이 나무는 1761년 아우구스타 공주를 위해 지어진 온실, '그레이트 스토브(Great Stove)'의 벽을 등지고 과실수처럼 재배되었다. 은행나무가 추위를 잘 견디는 편이긴 하지만, 조금이나마 추위로부터 보호하기 위해서였을 것이다. 이 나무는 물론 영국에 심어진 최초의 은행나무 가운데 하나이며, 현재는 '큐 왕립식물원 올드 라이언스'의 일원이다.

은행나무는 도시형 나무로 완벽하다(일본 가로수의 17퍼센트가 은행나무이다). 오염과 질병에 대한 은행나무의 내성 때문이다. 오늘날 '프린스턴 파수꾼(Princeton Sentry)'이나 '가을 금빛(Autumn Gold)'과 같이 수나무로 알려진 개량종들이 원예학상의 장점과 도시 오염에 대한 내성, 그리고 고약한 냄새를 피우지 않는 열매 덕분에 도심에 심어지고 있다.

치유의 나무와 죽음의 나무

바다독나무
Fish poison tree

Barringtonia asiatica

예쁜 폼폼처럼 생긴
바다독나무의 꽃은 사각 모양의
열매로 발달한다.
열매 안에는 사포닌이 다량
함유된 씨가 들어 있으며
이 씨를 이용해 물고기를
기절시킨다.

아름답고, 유용하며, 향기롭고, 유독하다. 이 종은 강렬하면서도 적절한 영어 통속명에 맞게 인상적인 특징을 두루 갖추고 있다. 아시아, 마다가스카르, 태평양 제도에 서식하는 키가 큰 열대 교목인 바다독나무(*Barringtonia asiatica*)는 해안가와 강가, 습지대의 맹그로브 종 사이 틈새에서 자라며, 물속에 뿌리를 내린 채로 번성한다. 높이가 20m까지도 자라고 무성하게 물결치는 수관을 가지고 있어, 성숙한 표본의 모습은 특히 만개했을 때 그야말로 장관이다.

꽃은 마치 커다란 폼폼처럼 생겼다. 끝이 분홍색인 화려한 수술 뭉치가

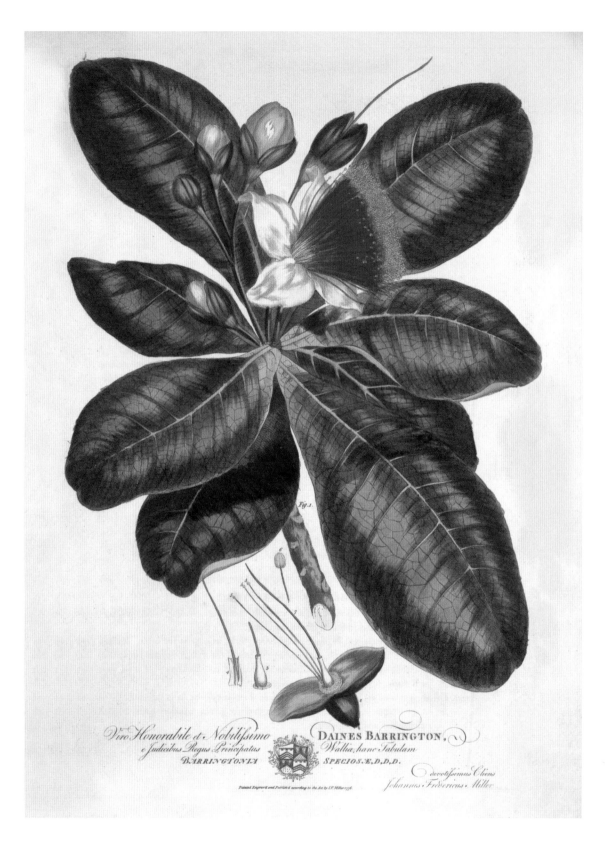

Viro Honorabile et Nobilissimo   DAINES BARRINGTON,
e Judicibus Regis Principatus   Walliæ, hanc Tabulam
BARRINGTONIA   SPECIOS. E, D, D, D.
                                        devotissimus Cliens
                                        Johannes Fredericus Miller

Painted, Engraved and Published according to the Act by I.F. Miller 1776.

네 갈래의 작고 둥근 흰색 꽃잎 사이로 솟아 있어서 그렇게 보인다. 화려한 수술 때문에 꽃잎은 눈에 잘 띄지 않는다. 황혼이 지면 꽃은 구역질이 날 정도로 강렬한 향을 내뿜는데, 옅은 색과 짙은 향기가 박쥐, 여우박쥐, 나방 같은 야행성 수분 매개체를 끌어들인다. 수분이 되고 나면 초롱등(lantern)처럼 생긴 사각의 섬유질 열매 또는 상자 열매(box fruit)가 자라고, 그 안에 타원형의 씨가 한두 개 들어 있다. 열매는 스펀지 같은 촉감을 가졌으며, 방수성이 있는 껍질 덕분에 물에 떠내려가다 조건이 맞는 장소에 다다르면 그곳에서 싹을 틔울 수 있다. 물 위에 여러 달 떠 있을 수 있다는 것이 일반적인 의견이며, 한 연구에 따르면 열매는 최대 15년까지 생존할 수 있다. '표류 열매'가 가진 이와 같은 확산 능력으로 인해 현재 이 나무는 널리 분포되어 있으며 실제로 일부 해안 지역에서는 침입종이 되었다.

바다독나무(또는 물고기독나무)는 맛이 쓰고 독성이 있는 사포닌(동물들이 이 나무를 기피하는 원인으로 추정되는 식물 화학물질)을 함유하고 있는데, 특히 씨에 집중되어 있다. 사람들은 이 씨를 으깨어 강물에 던진다. 그러면 사포닌이 바로 용해되기 때문에 물고기들을 기절시켜 쉽게 잡을 수 있다. 바다독나무는 이와 같은 방식으로 물고기 '독'(또는 살어제)으로 사용되는 많은 열대식물 가운데 하나다.

'독성이 있는' 많은 식물과 마찬가지로, 이 화학물질이 득이 되느냐 해가 되느냐를 결정짓는 것은 복용량이다. 소량 복용할 경우, 이 나무의 씨, 껍질, 잎은 민간 치료제 역할을 한다. 감기와 폐질환에 대한 치료제 그리고 회충 및 기타 기생충에 대한 구충제로 사용된다. 필리핀에서는 잎을 쪄서 복통, 두통, 관절통에 외용약으로 쓴다. 뉴기니 섬 근처에 있는 비스마르크 제도에서는 싱싱한 바다독나무 열매를 피부염 치료에 쓰는 것으로 알려져 있다. 한편, 인도차이나반도에서는 열매를 끓여 사포닌을 제거한 후 채소처럼 먹는다고 한다. 눈에 띄게 매력적인 꽃과 크고 반들반들하며 잎맥이 뚜렷한 잎을 가진 이 나무는 인도와 싱가포르에서 많은 사랑을 받으며 관상용 그늘나무로 심어지고 있다.

움벨룰라리아

Headache tree

Umbellularia californica

실제 생명에 위협이 된다기보다는 불편한 증세를 초래하기 때문에, 움벨룰라리아는 그 아래 앉으면 안 되는 종임에는 확실하다. 이 나무를 높게 평가했던 캘리포니아의 아메리카 원주민들은 잎과 열매를 두통 찜질약 등으로 다양하게 활용했다. 그러나 의도와는 반대로 잎에서 나오는 휘발성 오일이 오히려 역효과를 낼 수 있다.

캘리포니아의 해안가 삼림지대와 삼나무 숲, 오리건주에서 자라는 이 커다란 상록 활엽수는 최대 높이 30m까지 자란다. 톡 쏘는 향을 가진 잎이 움벨룰론(umbellone)을 다량 함유하고 있어, 나무 근처에 있는 사람들이 이 향을 들이마시면 심한 두통과 편두통을 유발할 수 있다. 이 활성 화합물은 눈과 코에도 자극을 줄 수 있다. 그럼에도 불구하고 이 멋진 나무는 정원의 관상용 꽃나무나 울타리용으로 많이 심어진다. 보고된 사례에 의하면, 캘리포니아에서 일하는 이탈리아 정원사가 특별한 이유 없이 20년간 군발성 두통에 시달렸는데, 훗날 움벨룰라리아를 가지치기한 것이 원인으로 밝혀졌다.

이 종은 두통나무(headache tree), 캘리포니아월계수(California laurel), 후추나무(pepperwood), 향신료나무(spice tree) 등 많은 통속명을 가지고 있으며, 같은 과(Lauraceae, 녹나무과)에 속하는 월계수(*Laurus nobilis*)와 혼동하기 쉽다. 두꺼운 초록색 잎은 창 모양으로 생겼고, 노란색의 작은 꽃은 달걀 모양의 반질반질한 초록색 장과로 발달한다. 이 장과가 익으면 짙은 보라색이 되고 커다란 갈색 씨 또는 '견과'를 속에 품는다. 잎과 '견과'를 위주로 나무의 몇몇 부분을 먹을 수는 있지만 대담한 약탈자가 아니고서는 대체로 먹지 않는다.

스코틀랜드의 유명한 식물 사냥꾼 데이비드 더글러스는 미국 북서부 곳곳을 여행하던 중, 1826년 오리건주에서 이 나무를 발견하고 종자를 채집했다. 그는 이 나무를 '아름다운 상록수'로 묘사하면서, 지역 주민들이 이 나무의 껍질로 음료를 만든다는 언급과 함께 껍질의 향이 너무 강해서 재채기가

움벨룰라리아는 생김새가 비슷하고 연관 관계가 있다는 이유로 월계수와 혼동하기 쉽다. 움벨룰라리아는 대개 정원에 심어지지만 불편한 증상을 초래할 수 있다.

치유의 나무와 죽음의 나무

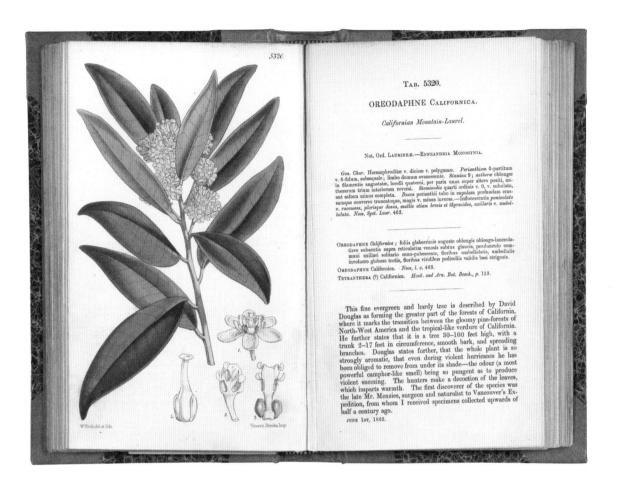

TAB. 5320.

OREODAPHNE CALIFORNICA.

Californian Mountain-Laurel.

Nat. Ord. LAURINEÆ.—ENNEANDRIA MONOGYNIA.

Gen. Char. Hermaphroditæ v. dioicæ v. polygamæ. *Perianthium* 6-partitum v. 6-fidum, subæquale; limbo demum evanescente. *Stamina* 9; antheræ oblongæ in filamentis angustatæ, locelli quaterni, per paria unus super altero positi, antherarum trium interiorum reversi. *Staminodia* quarti ordinis v. 0, v. subulata, aut saltem minus completa. *Bacca* perianthii tubo in cupulam profundam crassamque converso truncatoque, magis v. minus inversa.—Inflorescentia *paniculata* v. *racemosa, plerique densa, multis etiam brevis et thyroidea, axillaris v. umbellulata. Nees, Syst. Laur.* 462.

OREODAPHNE *Californica ;* foliis glaberrimis anguste oblongis oblongo-lanceolatisve subacutis supra reticulatim venosis subtus glaucis, pendunculo communi axillari solitario cano-pubescente, floribus umbellulatis, umbellulis involucro globoso tectis, floribus viridibus pedicellis validis basi strigosis.

OREODAPHNE Californica. *Nees, l. c.* 463.

TETRANTHERA (?) Californica. *Hook. et Arn. Bot. Beech.,* p. 159.

This fine evergreen and hardy tree is described by David Douglas as forming the greater part of the forests of California, where it marks the transition between the gloomy pine-forests of North-West America and the tropical-like verdure of California. He further states that it is a tree 30–100 feet high, with a trunk 2–17 feet in circumference, smooth bark, and spreading branches. Douglas states further, that the whole plant is so strongly aromatic, that even during violent hurricanes he has been obliged to remove from under its shade—the odour (a most powerful camphor-like smell) being so pungent as to produce violent sneezing. The hunters make a decoction of the leaves, which imparts warmth. The first discoverer of the species was the late Mr. Menzies, surgeon and naturalist to Vancouver's Expedition, from whom I received specimens collected upwards of half a century ago.

JUNE 1ST, 1862.

나올 수 있다는 설명도 덧붙였다. 더글러스는 1829년 나무의 첫 번째 표본을 영국으로 보냈고, 그 표본은 큐 왕립식물원과 지방의 대규모 저택 정원에 심어졌다. 『힐리어의 나무와 관목 안내서(The Hillier Manual of Trees and Shrubs)』를 보면 "'구식 사고방식'을 가진 정원사들은 귀족 미망인이 이 특이한 나무의 강력한 향에 맥을 못 춘다는 과장된 이야기를 몹시 즐겼다'고 한다.

만치닐나무
Manchineel

Hippomane mancinella

대극과에 속하는 만치닐나무(*Hippomane mancinella*)는 세계에서 가장 위험한 나무라는 기록을 실제로 가지고 있다. 줄기나 가지에 난 상처에서 떨어지는 만치닐나무의 우유빛 수액이 다른 대극과 식물과 마찬가지로 강한 자극 물질을 함유하고 있고 부식성이 강하기 때문에, 피부에 닿으면 그 즉시 물집과 화상을 유발하고 눈에 들어가면 일시적인 실명을 초래할 수 있다. 비가 올 때 이 나무 아래 서 있는 것조차 위험하다. 수액에 오염된 빗물이 같은 결과를 가져올 수 있기 때문이다.

북아메리카 남부의 열대지역(플로리다 포함), 카리브해, 중앙아메리카, 남아메리카 북부가 원산지인 이 상록수 종은 최대 15m 높이로 자란다. 만치닐나무는 해변과 해안가를 따라 자라며 뿌리가 침식 예방에 도움이 되기도 한다. 나무의 열매는 작은 초록색 사과처럼 생겼으나 독성이 강하다. 그래서 이 나무에는 불길하게 들리는 많은 통속명이 있는데, 그중에는 죽음의 나무(arbol de la muerte), 죽음의 카모마일(manzanilla de la muerte)을 뜻하는 스페인어도 있다. 상당히 단맛이 난다는 이 열매의 과육을 먹으면, 곧장 입과 목구멍에 심각한 화상과 궤양 증상이 나타난다. 만치닐나무의 모든 부분이 독성을 가지고 있어서 지역 주민들은 나무 줄기에 경고의 의미로 붉은색 X자를 표시하거나 주의하라는 경고문을 붙이기도 한다. 만치닐나무 목재로 가구를 만들 때는 취급에 주의해야하지만, 나무를 태우는 것조차 위험할 수 있다. 태울 때 나는 연기가 눈에 심각한 문제를 초래할 수 있기 때문이다.

몇몇 유명한 탐험가들이 이 종을 우연히 발견하고 언

급한 사례가 있다. 18세기 박물학자 마크 카테스비(Mark Catesby)는 이 나무의 수액이 눈에 들어가 겪은 고통에 대해 '이틀 동안 시력을 완전히 잃었다'고 기록했다. 만치닐나무의 악명은 문학작품 속에서도 발견된다. 특히 보바리 부인과 로빈슨 가족에 이 나무가 언급되어 있다. 오페라에도 등장하는데, 독일의 작곡가 자코모 마이어베어(Giacomo Meyerbeer)가 작곡한 「아프리카 여인(L'Africaine)」에서 여주인공 셀리카는 자살 수단으로 만치닐을 선택한다.

맞은편 사람들은 독성이 강한 만치닐나무의 수액과 먹음직스러운 열매를 피해야 한다는 사실을 어렵게 깨달았다. 나무가 이와 같이 가차 없는 방어수단을 갖게 된 것은 초식동물을 피하기 위해서였다. 한편, 나무의 열매는 해변에 떨어져 조류에 휩쓸리다 새로운 장소에 이르면 그곳에서 싹을 틔우고 자랄 수 있게 적응된 것으로 추정된다.

오른쪽 쿡 선장을 포함한 많은 탐험가들이 만치닐나무를 우연히 발견하고 그 효과를 직접 목격하였다. 스페인 탐험가 후안 폰세 데 레온(Juan Ponce de Leon)은 1521년 플로리다 남서부에서 원주민과 싸우다 사망했는데, 만치닐 수액이 묻은 화살에 맞아 죽은 것으로 전해진다.

마전자나무
Strychnine

Strychnos nux-vomica

現實에서도, 허구에서도 효과 빠르고 치명적인 독으로 악명 높은 스트리크닌 (strychnine)은 같은 통속명 마전자나무(Strychnine)의 씨에서 발견되는 천연 알칼로이드다. 먹거나 발랐을 경우 보통 세 시간 안에 그 치명성을 입증할 수 있다. 식물은 이와 같은 알칼로이드를 진화시켜, 씨, 껍질, 뿌리 등 특정 부분에 이를 집중시키는 방법으로 스스로를 보호하고 원치 않는 포식자(초식성 동물)의 먹이가 되는 것을 막아 왔다. 마전자나무은 물론 이 역할을 확실히 수행한다.

스트리크닌을 내는 주요 종인 마전자나무(*Strychnos nux vomica*)는 인도와 동남아시아가 원산지이다. 포이즌 너트(poison nut)로도 불리는 이 중간 크기의 나무는 대개 10~13m로 자라며, 녹색과 흰색의 작은 꽃 무리를 맺는다(학술용어로 취산 꽃차례). 불쾌한 냄새를 내뿜는 이 꽃이 암시하는 것은 훨씬 더 불쾌한 씨의 탄생이 임박했다는 것이다. 납작한 원반 모양의 씨가 사과 크기의 불그레한 노란색 열매 속에서 자라는데, 이 씨가 바로 브루신(brucine)이라는 물질과 함께 위험한 알칼로이드의 근원이다. 열매 하나에 대략 5개의 씨가 들어 있으며, 부드러운 털로 덮인 이 씨들은 점성이 있는 흰색 과육에 파묻혀 있다. 잿빛 씨는 쉽게 꺼내서 씻은 다음 가루로 만들 수 있다. 마전자나무 가루는 '치료제'(대개 각성제)와 동시에 '독약'으로도 사용되어 왔으며, 복용량에 따라 그 용도가 결정된다. 마전자나무는 인도와 아랍 의학에서 긴 역사를 가지고 있으나, 의학적 가치에 대해서는 명확하게 알려진 바가 없다는 것에 주의해야 한다.

마전자나무는 16세기 인도와의 무역을 통해 서구의 주목을 받게 되었고, 곧 선박과 가정에서 쥐약으로 사용되었다. 문제는 마전자나무가 대단히 섬뜩한 죽음을 초래할 수 있다는 것이었다. 그 원리는 다음과 같다. 먼저 스트리크닌이 신경접합부의 글리신 수용체와 결합하여 가장 작은 자극에도 신경이

불그레한 노란색의 마전자나무 열매 속에는 흰색 과육이 들어 있으며, 과육은 몇 개의 잿빛 씨를 품고 있다. 이 씨가 바로 악명 높은 독의 근원, 스트리크닌이다.

치유의 나무와 죽음의 나무

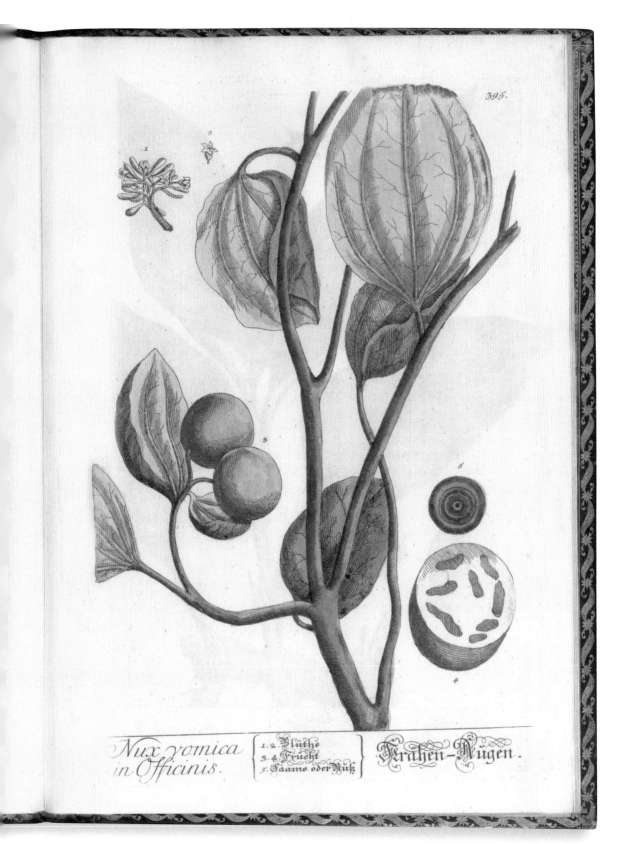

395.

Nux vomica in Officinis.

1. 2. Blüthe
3. 4. Frucht
5. Saame oder Nuß

Krähen-Augen.

마전자나무

마전자나무 씨는 특이하게 납작한 원반 모양이며, 갈아서 고운 가루를 만들 수 있다. 한때는 쉽게 구할 수 있었고 집에서 쥐약 등으로 사용할 수 있었지만, 현재 많은 나라에서 금지하고 있는 독극물이다.

억제를 못 하고 격앙되도록 만든다. 뒤따라오는 무시무시한 근육 경련으로 인해 희생자는 뒤통수와 발꿈치가 수평이 될 정도로 등이 휘기도 한다. 결국 호흡을 조절하는 신경이 제 기능을 못하면서 질식 상태에 빠졌다가 대개 사망에 이르게 된다. 이 과정을 겪는 동안 희생자는 자신에게 무슨 일이 일어나고 있는지 정확히 인식하기 때문에 그 죽음이 특히 더 참혹하고 비극적이다.

스트리크닌은 매우 쓴 데다 물에 용해되지 않기 때문에 그나마 실수로 복용하기 쉽지 않다. 그럼에도 불구하고 사람들이 이 독이 든 병을 사서 집에 보관하면 불상사가 일어나곤 했다. 아가사 크리스티는 자신의 소설에 이 독을 몇 차례 등장시켰다. 그중에는 그녀의 첫 번째 소설 『스타일스 저택의 괴사건(The Mysterious Affair at Styles)』(1921년 출간)도 있다. 에르큘 포와로(Hercule Poirot)를 세상에 알린 이 책에서, 크리스티는 에밀리 잉글토프 살인사건을 풀어가며 자신의 방대한 화학 지식을 드러낸다. 잉글토프 부인은 활력을 되찾기 위해 마전자나무 강장제를 처방받지만 누군가의 의도로 과다 복용을 하게 된다.

스트리크닌을 독극물로 사용하는 사례가 소설에만 등장하는 것은 아니다. 현실에서 일어난 많은 살인 사건에서도 스트리크닌은 핵심적인 역할을 했다. 그중 가장 악명 높았던 것은 토마스 닐 크림(Thomas Neill Cream)이란 의사의 사례다. 그는 캐나다에 거주하며 1870년대 최소한 두 명의 여성과 1881년 남성 한 명을 살인했고 그로 인해 수감되었다. 감옥에서 나온 그는 영국으로 여행을 떠났고 런던에서 마전자나무를 이용하여 몇 명의 매춘부를 독살하였다. 그는 '램버스의 독살마'로 불리게 되었고 1892년 마침내 유죄 판결을 받아 교수형에 처해졌다.

스트리크닌을 함유한 제품들은 많은 나라에서 강력하게 규제되고 있으며 영국에서는 2006년 이후 금지되었다. 따라서 어떠한 형태로든 스트리크닌을 구입하는 것은 불법이다. 스트리크닌 음독에는 특별한 해독제가 없지만, 진정제의 일종인 다이아제팜과 근육 이완제를 이용한 치료가 도움이 될 수는 있다. 대신 음독 피해자의 생존 가능성을 조금이나마 높이려면 최대한 빠른 치료가 필요하다.

마전자나무와 같은 속에 속한 식물들도 치명적인 독을 생산한다. 예를 들면, 필리핀의 보두나무(St Ignatius bean, *Strychnos ignatii*)와 남아메리카산으로 쿠라레를 함유한 쿠라레나무(*Strychnos toxifera*)가 있다.

치유의 나무와 죽음의 나무

님나무

Neem

Azadirachta indica

님나무의 잎과 씨는
전통의학에서 높이 평가되어
왔다. 더불어, 상록성 수관이
그늘을 만들어주고, 꽃에서는
기분 좋은 향기가 나는 매우
유용한 나무다.

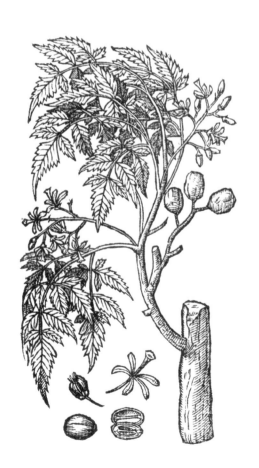

널리 분포된 님나무(*Azadirachta indica*)는 아마도 세계에서 가장 유용한 나무 중 하나일 것이다. 인도인들은 이 나무를 일상적으로 사용하기 때문에 나무를 '동네 약국'이라는 별명으로 부르기도 한다. 만약 집 주변에 나무를 딱 한 그루만 심을 예정이라면 —그리고 가능하다면— 반드시 이 나무를 심어야 한다.

아삼, 방글라데시, 캄보디아, 히말라야 동부, 미얀마, 태국이 원산지인 님나무는 인도 전역과 아시아의 다른 지역, 아프리카와 심지어 카리브해까지 전파되었다. 님나무는 멀구슬나무과(Meliaceae)에 속하며, 빠르게 자라는 상록 교목이다. 높이는 대개 15~20m이며, 열대 및 아열대 지역에서 잘 자란다. 얇은 우상복엽으로 뒤덮인 빽빽한 수관이 시원한 그늘을 드리우며, 예쁜 흰색 꽃들이 늘어져 있는 원추꽃차례는 기분 좋은 향기를 내뿜는다. 꽃이 지면 연두색의 작은 열매를 맺는다. 일부 지역에서는 님나무가 너무 잘 자라 잡목 취급을 하기도 하지만, 불편함보다는 쓸모가 훨씬 많은 나무다.

어린잎과 꽃은 익혀서 먹을 수 있지만, 쓴맛이 난다는 평도 있다. 무엇보다 님나무는 의약품의 원료로서 높이 평가되며, 수천 년간 중국 전통의학, 아유르베다 의학, 유나니 의학(Yunani medicine)에서 중요한 역할을 해왔다. 잎과 씨에 함유된 수백 가지의 유효 성분이 항산화제 작용을 하고, 박테리아의 성장을 억제하는 것으로 여겨진다. 님나무에 항균과 항염 성질도 있는 것으로 간주되면서 현재 악성 종양

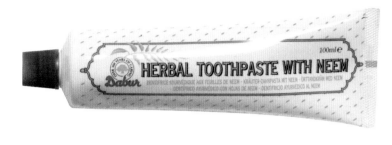

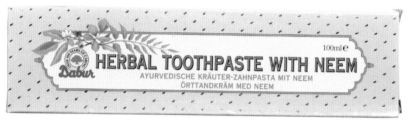

을 억제할 수 있는지에 대한 연구가 진행 중이다. 전통의학에서 이 나무의 잎으로 만든 제품들은 피부 유연제로 사용되며, 씨를 압착한 오일은 간 건강을 향상시키고 '피를 맑게' 해준다고 한다. 님나무가 자라는 나라에서는 님 오일이 비누, 샴푸, 페이셜 크림 등 다양한 화장품에 사용되기도 한다. 많은 사람들이 님나무의 잔가지를 천연 칫솔로 사용하며, 시중에 판매 중인 님 치약과 양치액도 볼 수 있다.

활용도 높은 님나무의 장점은 그 정도로 끝나지 않는다. 님나무는 해충으로부터 집과 작물을 보호하는 데도 중요한 역할을 한다. 잎을 말려 옷장과 부엌 찬장에 넣어두면 집안의 해충을 없애주고 모기 퇴치용으로 태울 수도 있다. 씨를 가루로 만들어 물에 희석한 다음 작물에 뿌리면 자연 분해되는 천연 살충제가 되어, 해충이 작물을 먹거나, 알을 낳거나, 작물의 생활 주기에 영향을 미치지 않도록 해준다. 자주 살포해야 하는 번거로움은 있지만, 님 살충제는 안전하고, 쉽게 구할 수 있으며, 친환경적인 방법이기 때문에 많은 작물의 수확량을 유지하는 데 도움이 된다. 심지어 메뚜기를 억제하는 것으로도 알려졌다.

일상생활에 중요하고, 대단히 유용하기 때문에 인도에서는 이 '만능 나무'의 꽃과 잎이 전통 힌두 축제에 자주 사용된다. 비의 여신 또는 모신(母神)을 기념하는 인도 타밀나두 주의 마리암만(질병·비·보호의 힌두교 여신) 축제도 그중에 하나다.

치유의 나무와 죽음의 나무

A. J. Cavanilles del.

Sellier sculp.

님나무

치유의 나무와 죽음의 나무

기나나무
Quinine

Cinchona spp.

―――――

기나나무 이야기는 의학적 발견, 식물 밀수, 제국의 확장을 두루 담고 있다. 나무는 400년 가까운 세월 동안 생명을 구하는 특성으로 인해 전 세계적으로 대단히 중요했다. 그것은 다 기나나무 껍질(기나피)이 천연 알칼로이드인 '퀴닌(역자 주: 흔히 '키니네'로 알려짐)'을 제공하기 때문이다. 퀴닌은 세계에서 가장 큰 사망 원인 중 하나인 말라리아를 예방하고 치료하는 역할을 한다.

대략 23종이 있는 *Cinchona*속은 안데스산맥이 원산지이며 에콰도르, 볼리비아, 페루에서도 볼 수 있다. 생김새는 모두 비슷하고 자연 교잡하지만, 그 중에서도 *C. officinalis*와 *C. pubescens* 두 종은 퀴닌의 역사에서 특히 중요했다. 나무 껍질(기나피)의 유용성에 대해서만 알려졌지만, 사실 이 작은 나무는 분홍색과 보라색이 섞인 예쁜 관상화도 피운다. 꽃의 향기가 매혹적이어서 나무 서식지에서 수분 매개체 역할을 하는 나비와 다른 곤충들을 유인한다.

1630년대 페루에 머물던 스페인 선교사들이 고열에 효과가 있다고 처음으로 기록한 후, 말라리아를 치료하는 나무 껍질의 명성은 예수회의 소개로 스페인 전역과 유럽의 나머지 국가로 빠르게 퍼졌다. 유럽으로 가는 기나피 공급이 산발적이어서 처음에는 가격이 비쌌지만, '예수회의 껍질(기나피)'이 가진 약효가 곧 입증되었다. 유감스럽게도 잉글랜드 개신교는 처음에 회의적인 태도를 유지했다. 가톨릭회의 반대가 있었기 때문이다. 하지만 17세기 말 무렵에는 영국에서도 기나피가 사용된 것이 확실하다.

식물학자이자 분류학의 아버지인 칼 린네가 이 나무의 속명을 *Cinchona*로 한 것은 스페인 출신의 아름다운 친촌(Chinchón) 백작부인 때문이었다. 1638년 기나피를 이용해 말라리아 또는 '학질'을 치료한 최초의 유럽인 중 한 명이 친촌 백작부인이라는 소문이 있었던 것이다(유감스럽게도 이 부분은 사실이 아닌 것으로 보인다). 그러나 린네가 부인의 이름을 잘못 표기하면서 그 이후로 나무의 속명을 발음하는 것은 쉽지 않은 일이 되어버렸다. 이후 200년간

19세기 후반, 말라리아 치료를 위해 퀴닌 공급이 가장 절실한 지역 가까이에 있는 몇몇 나라에 기나나무 플랜테이션이 설립되었다.

'기나피'는 말라리아와의 싸움에서 주된 치료제로 수확되고, 수출되고, 활용되었다. 기나피가 열대지방 전역에서 유럽 제국의 확장에 기여했다는 점에는 논의의 여지가 없다. 한때 아시아와 아프리카에서 유럽인들의 사망률이 대단히 높아 정착하는 데 한계가 있었으나, 퀴닌이 공급되면서 탐험대와 식민지 이주민들의 건강과 성공에 엄청난 차이를 만들었기 때문이다.

19세기 초, 기나피의 효력을 입증해주는 유효 알칼로이드가 발견되었다. 사실 말라리아의 원인인 플라스모듐 원충을 죽일 수 있는 네 개의 알칼로이드가 발견되었지만, 효력과 효율성 측면에서 퀴닌이 가장 중요한 알칼로이드가 되었다. 프랑스의 화학자 조제프 카방투(Joseph Bienaimé Caventou)와 조제프 펠레티에(Pierre Joseph Pelletier)가 1820년 처음으로 퀴닌을 분리하고 분석하는 데 성공하면서 곧이어 순수 퀴닌 생산이 시작되었다.

기나나무는 여러 지역에서 자라는 만큼 알칼로이드 함유량도 다양했다. 영국인 존 하워드(John Eliot Howard)처럼 영향력 있는 '퀴닌 전문가'가 기나나무를 재배하고, 연구하여 가장 효과적인 나무를 찾으려고 노력했지만, 제품으로서의 기나피와 퀴닌 공급은 수요에 비해 여전히 부족했다. 이처럼 수익성 높은 제품의 독점 유지 차원에서 남아메리카에 있는 기나나무 공급원은 철저하게 감시되었다. 바로 이 시점에 식물 스파이와 밀수업자들이 등장하게 된다. 이들의 임무는 퀴닌이 가장 절실하게 필요한 지역에서 가까운 곳에 조림지를 조성할 수 있도록 충분한 종자와 식물을 손에 넣는 것이었다. 수많은 생명을 구한다는 명목하에 부당한 행위가 박애주의로 정당화된 것이다.

큐 왕립식물원 기록보관소에는 역대 원장들이 주고받은 흥미로운 편지들이 소장되어 있다. 1859년도 소장품 중에 식물탐험가인 리처드 스프루스(Richard Spruce)가 초대 원장이었던 윌리엄 후커 경에게 쓴 편지가 있다. 스프루스는 에콰도르에서 우량 종자를 구하기 위해 자신이 어떤 노력을 하고 있는지 썼다. 스프루스가 이끄는 팀은 영국 정부의 지원을 받는 세 탐험대 중하나였으며, 가장 좋은 기나나무를 찾기 위해 큐의 왕립 정원사 두 명을 대동하였다. 이들은 마침내 100,000개의 식물과 637개의 종자를 가지고 돌아왔다. 1860년 큐 왕립식물원은 인도사무소의 지원 아래 '기나나무 촉성재배용 온실'을 건립했고, 1861년에는 묘목들이 자라 인도의 닐기리 구릉과 실론 섬에 있는 조림지와 정원으로 보낼 수 있게 되었다. 조림지가 조성되자 현지 주민과 영국인 거주민 모두 퀴닌의 혜택을 받을 수 있게 되었다.

다음 이야기는 일일 퀴닌 복용량을 지키기 위해 사용한 방법이다. 식민지에 거주하던 영국인들은 퀴닌과 '토닉워터'를 섞어봤으나 그래도 쓴맛이 나자, 레몬, 설탕, 진과 퀴닌을 섞었다. 그렇게 해서 진토닉이 탄생했다. 퀴닌과 토닉워터의 혼합에 대한 영국 최초 특허는 1858년으로 거슬러 올라간다.

치유의 나무와 죽음의 나무

큐 왕립식물원은 기나피 및 기나나무 종자와 관련하여 1,000개가 넘는 품목을 소장하고 있다. 이는 유럽에서 가장 큰 컬렉션 중 하나이며, 일부 품목은 1700년대 초기의 것이다. 빅토리아시대의 손글씨가 적힌 오래된 유리병과 검은색 상자, 종이 포장들이 선반 위에 줄지어 있으며, 그 안에는 다른 장소, 다른 시기에서 온 표본들이 각각 들어 있다. 이 중 다수가 1860년대 존 하워드의 소장품으로, 그는 왕성한 수집가였으며 직접 퀴닌 제조 사업을 하기도 했다. 소장품 중에는 1865년으로 기록된 종자 견본이 하나 있는데, 찰스 레저(Charles Ledger)라는 박식하지만 운이 없었던 수집가가 큐에 보낸 것이다. 그는 볼리비아에서 마누엘마마니(Manuel Incra Mamani)라는 현지인의 도움으로 최상급 기나나무 종자를 찾아냈다. 그러나 큐에는 이미 견본이 있었고 인도에서 재배 중인 나무들도 있었기 때문에, 큐는 레저가 보낸 종자를 구입하지 않겠다고 했고, 레저는 대신 네덜란드와 거래했다. 그리고 이를 계기로 네덜란드는 세계 퀴닌 시장을 지배하게 된다. 레저와 마마니의 주장대로, 레저의 종자에서 자란 나무들이 최상급 퀴닌을 함유하고 있었던 것이다. 오늘날, 효과적인 다른 약물들이 개발되고 말라리아를 유발하는 플라스모듐 원충에 대한 내성이 증가하면서 퀴닌 사용이 줄고 있다. 그럼에도 퀴닌은 여전히 중요하며, 다른 항말라리아 약물의 발전을 이끌어 왔다. 기나나무는 진정으로 세계 역사를 바꾸고 셀 수 없이 많은 이의 생명을 구한 나무라고 할 수 있다.

기나나무가 높이 평가되는 주된 이유는 약효가 있는 껍질 때문이지만, 나무 그 자체로도 상당히 아름다우며, 보기 좋은 분홍색 통꽃이 수분 매개체를 끌어들인다.

멜라루카
Tea tree

Melaleuca alternifolia

원산지인 호주에서 멜라루카(*Melaleuca alternifolia*)는 천연 의약품으로 잘 알려져 있으며 높이 평가되어 왔다. 원주민들은 멜라루카 잎을 항염제, 살균제용으로 습포를 만들어 상처에 붙였으며 코 막힘 완화용으로도 사용했다. 하지만 멜라루카가 호주 밖에서도 인기를 끌기 시작한 것은 1920년대 들어서였다. 제2차 세계대전 시기, 호주에서는 부상당한 군인들의 치료를 돕는 차원에서 멜라루카오일 생산이 필수 전시 사업으로 간주되었으며, 모든 호주 군인들은 감염의 위험을 줄이기 위해 멜라루카오일을 소지하고 다녔다. 이후 1970년대부터 멜라루카의 인기가 크게 되살아나면서, 오늘날 전 세계 많은 사람들이 자신의 집에 멜라루카 제품 하나쯤은 가지고 있게 되었다. 그것이 순수 에센셜 오일이든, 살균제든, 아니면 클렌징 티슈나 세안제 같은 화장품이든 말이다.

*Melaleuca*속에는 무려 256개의 종이 있지만, 멜라루카오일로 유명한 에센셜 오일은 대개 가느다란 잎을 가진 멜라루카에서 추출된다. 이 종은 호주 퀸즐랜드 남부와 뉴사우스웨일스 북부의 시냇가와 습지 근처에서 야생으로 자라며, 유칼리나무와 정향나무를 포함하는 도금양과(Myrtaceae)에 속한다. 물론 후자의 나무들에서도 톡 쏘는 향을 가진 오일이 추출된다. 멜라루카는 최대 7m 높이로 자라기도 하지만, 키가 크고 다소 제멋대로 자란 관목처럼 보이는 경우가 대부분이다. 봄이 되면 나무에 크림색의 작고 하얀 꽃들이 촘촘한 구름 덩어리처럼 피어나는데, 수분이 되고 나면 작은 목질의 열매가 되어 줄기를 따라 가지런히 늘어선다. 멜라루카의 껍질은 종이처럼 얇고 벗겨지는 특징이 있어서 호주에서는 티트리(tea tree) 또는 종이껍질나무(paperbark tree)라고 불린다.

멜라루카는 현재 대규모의 조림지에서 상업용으로 재배된다. 오일은 봄과 여름에 수확되는 선처럼 가느다란 잎을 증기 증류하여 추출한다. 멜라루

치유의 나무와 죽음의 나무

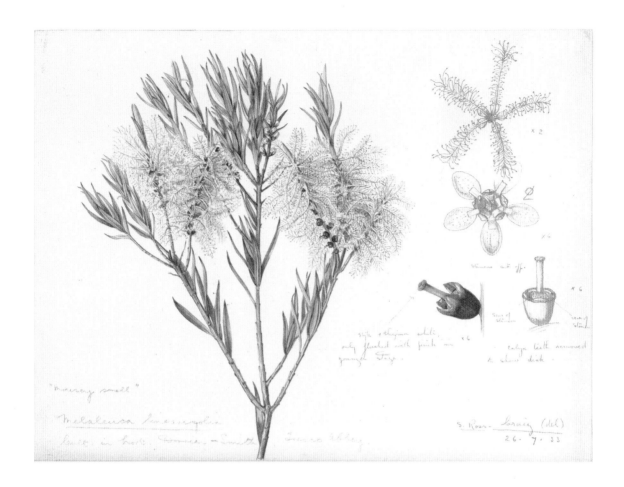

위 멜라루카는 또 하나의
전형적인 호주 나무군,
유칼리나무와 마찬가지로
도금양과에 속한다. 원주민들은
멜라루카 오일과 잎을 방부제 및
의약용으로 사용했다.

맞은편 멜라루카오일은
오래전부터 약국에서 구할
수 있었고 현재는 소독용
물티슈에서 샴푸에 이르기까지
가정에서 사용하는 다양한
제품의 원료로 사용된다.

카 유도체의 유효성에 관한 연구가 드물기는 하지만, 주장에 따르면 멜라루
카에서 생산되는 오일 성분, 테르피넨-4-올(terpinen-4-ol)은 인간과 동물을
위한 의약품 모두에 사용할 수 있는 유용하고 안전한 항균성 물질이라고 한
다. 이 물질은 또한 특정 세균 감염에 효과가 있고 소염제 기능도 있다고 한
다. 그러니 지금처럼 수많은 멜라루카 제품이 시장에 나오는 것은 놀라운 일
은 아니다. 항생제를 대체할 효과적인 의약품을 찾으려는 시도가 계속되고
있는 만큼, 멜라루카오일과 같은 천연 제품이 감염성 질환과의 싸움에서 더
욱 중요해질 것은 분명하다.

흑단, *Diospyros ebenum*

육체와 영혼

식량과 향신료, 약물과 독극물을 제공하는 것 외에도, 나무는 여러 가지 흥미로운 방식으로 우리의 몸과 마음에 양식을 제공한다. 나무는 삶뿐 아니라 죽음도 대변한다. 혼령과 조상을 구현하기도 하고, 창조와 보호, 신과 악마에 대한 이야기의 근간이 되기도 한다. 아프리카의 바오밥나무와 동남아시아의 벵갈고무나무와 같은 일부 수종은 마을 생활의 중심이 되어 지역민들의 숭배를 받는다. 이 나무들은 햇빛과 궂은 날씨로부터 피난처가 되어주고, 유용한 생산물을 제공하며, 중요한 사안을 논의하거나 의식을 치를 수 있는 장소를 제공한다. 많은 나무가 다양한 종교와 연결되어 있고, 재미와 교훈을 주는 옛날이야기에 등장하며, 강렬한 상징과 관련되어 있다. 산사나무는 수수한 모습의 나무로 보일 수 있지만 수많은 미신과 민간 설화에 등장하며, 이교도와 기독교 신앙 둘 다와 관련이 있다.

조금 더 실용적으로 접근하자면, 어떤 나무들은 몸을 치장하거나 감각적인 향수를 만드는 데 필요한 수지와 염료의 공급원이다. 빅사 또는 안나토(아치오테나무)의 씨에서 얻는 밝은색의 염료는 바디 페인트로 사용되며 오늘날 다양한 음식과 화장품에도 들어간다. 용혈수는 상처가 생기면 붉은색 수지가 흘러나오는데, 이 수지는 장식적인 용도와 기능적인 용도 둘 다 가지고 있다.

유향이 수천 년간 높은 인기를 구가하며 향료와 향을 대상으로 한 세계 무역의 중심에 있을 수 있었던 이유는 종교의식을 비롯한 여러 의식에 향료나 향으로 꼭 필요하기 때문이었다. 나무는 심지어 우리의 옷차림에도 도움을 준다. 예컨대, 뽕나무 잎은 가장 호화로운 직물인 비단의 원료를 만드는 곤충이 제일 좋아하는 먹이이다.

흑단을 비롯한 특정 나무의 목재는 한때 악기 제작에 필수 재료였다. 기타에서 피아노에 이르기까지, 우리의 영혼을 고취시키고 우리의 마음에 말을 걸어주는 그런 악기들 말이다. 그리고 체스와 같이 뇌를 사용하는 게임의 도구를 만드는 데도 중요했다. 대만삼나무의 목재는 내구성이 뛰어나고 부패에 강해 주택과 사원을 짓는 용도로 인기가 많았으며, 중국에서는 관을 만드는 용도로 대단히 높이 평가되었다.

나무에서 나오는 천연 생산물은 우리가 알고 있는 것보다 훨씬 더 많이 우리의 문화에 뿌리를 내리고 있다. 안나토와 마찬가지로, 비누껍질나무는 지금도 전통적인 용도로 사용되며, 세제와 탄산수 제조에 매우 중요한 상업용 작물이다. 사람들은 립스틱, 비누, 향수병에 적힌 원료를 거의 읽지 않으며, 우리는 전통이 언제, 어디에서, 어떻게 생겨났는지 깊이 생각하지 않는다. 그러나 우리의 삶과 사회에서 여러모로 나무가 갖는 가치를 인정해야 한다. 더불어 우리의 경험을 더 풍부하고, 영적이며, 생기 넘치게 만들어주는 나무에 감사해야 한다.

바오밥나무

Baobab

Adansonia digitata

아프리카 풍경의 상징적인 나무인 바오밥나무는 자양분이 풍부하고, 병을 고치며, 마법에 걸린 것으로 유명하다. 나무의 몸통 둘레가 엄청나게 굵고 생김새가 독특하여 한눈에 알아볼 수 있다. 바오밥나무는 흔히 '거꾸로 자라는 나무'로 알려져 있다. 건기가 되면 잎 하나 없는 민둥한 가지의 모습이 마치 공중에서 뿌리가 자라고 있는 것처럼 보이기 때문이다. 원숭이빵나무(monkey bread tree), 죽은쥐나무(dead rat tree), 약사나무(chemist tree) 등 나무를 부르는 다른 이상한 이름도 많다. 바오밥나무는 성장이 느리고 오래 산다. 가령, 나미비아의 한 거대한 개체('Grootboom'으로 알려진)는 방사성 탄소연대를 측정한 결과 나이가 1,275살로, 나무가 붕괴한 2004년 당시, 세계에서 가장 나이가 많은 것으로 추정되는 속씨식물(피자식물)이었다. 대부분의 다른 고대 나무들은 삼나무, 소나무, 주목 등의 침엽수이기 때문이다. 바오밥나무(*Adansonia digitata*)는 열대지방과 남아프리카에서 조금 더 건조한 지역이 원산지이며, 사바나 초원의 가시투성이 삼림지대에 널리 분포되어 있다. 매우 웅장한 이 종은 최대 높이가 30m까지 자라고 몸통 둘레도 그와 비슷하며, 넓게 퍼진 근계를 가지고 있다. 균형이 맞지 않을 정도로 커다란 나무의 몸통은 진화의 경이로움을 보여줄 뿐 아니라, 물 저장고 역할을 하여 서식지인 건조 지역과 반건조 지역에서 뜨겁고 건조한 수개월을 지탱할 수 있게 한다. 커다란 개체들은 몸통에 물을 10만 리터까지도 저장할 수 있다고 하며, 코끼리들이 이 귀한 물을 마시려고 나무에 구멍을 내는 것으로 알려져 있다. 그뿐 아니다. 개코원숭이와 혹멧돼지, 여러 종류의 새, 파충류, 곤충을 포함한 많은 동물이 먹을 것과 피할 곳을 찾아 바오밥나무로 모여든다.

바오밥나무의 크고 화려한 흰색 꽃은 우기의 시작과 함께 나타나며, 길게 늘어진 줄기에 매달리기 때문에 박쥐들이 더 쉽게 수분할 수 있다. 그리고 꽃 아래쪽에 수술이 뭉쳐 있어 갈라고원숭이를 포함한 수분 매개체에 꽃가루가

바오밥나무의 아름다운 흰색 꽃잎은 저녁 무렵 처음 봉오리를 펼치며, 꽃은 24시간만 피는 경우가 흔하다. 박쥐와 갈라고원숭이가 수분 매개체 역할을 한다.

육체와 영혼

잘 스친다. 꽃은 딱 하루만 피며, 저녁이 되어서야 처음 봉오리를 펼치는 일이 흔하다. 꽃이 수분 된 뒤에 열리는, 부드러운 껍질을 가진 열매는 길이가 최대 35cm에 이르며 진한 갈색의 작은 씨앗들과 마른 과육이 그 속을 채우고 있다.

인간은 오랫동안 바오밥나무를 소중히 여겨왔다. 일부 집단에서는 미래 세대를 위해 마을 근처에 바오밥 묘목을 심기도 했는데, 이 나무가 지역 공동체에 얼마나 필요한 존재인지 알 수 있는 사례다. 잎, 껍질, 열매, 뿌리, 씨앗 등 나무의 모든 부분이 대단히 다양한 방식으로 사용된다. 열매의 시큼한 과육은 비타민 C를 오렌지의 7배 이상 함유하고 있으며 식이섬유와 칼슘, 칼륨을 포함한 영양분이 가득하다. 과육과 씨앗으로는 음료, 소스, 잼, 수프, 포리지를 만들 수 있고 잎은 일반 채소처럼 먹을 수 있다. 내피에서 추출한 섬유로는 밧줄, 실, 돗자리, 바구니, 옷, 심지어는 벌집까지도 만들 수 있으며, 뿌리에서 염료가 추출되고, 꽃가루는 접착제 원료로 쓸 수 있다. 아프리카 바오밥나무의 전통적인 용도를 따져보니 총 300가지가 넘는다는 기록이 있다. 속이 빈 몸통은 물탱크, 감옥, 술집, 무덤으로 개조되기도 했다. 최근에는 씨에서 추출한 오일이 바이오 연료로 평가되었고 현재 보습 성분 화장품에도 사용되고 있다.

위 토마스 베인스가 그린 이 바오밥나무의 육중한 몸통은 엄청난 양의 물을 저장할 수 있다. 바오밥나무는 대개 만남의 장소이자 마을 생활의 중심이 된다.

맞은편 바오밥의 열매, 잎, 씨는 모두 쓸모가 많았기 때문에 지역 공동체들은 이 나무를 매우 높이 평가했다. 나무는 특히 미래 세대를 위해 심어졌다.

육체와 영혼

이 유용한 나무는 전통의학에서도 중요한 역할을 하여, 열매, 씨, 잎이 말라리아, 이질, 변비, 기침, 치통 등 온갖 종류의 질병을 치료하는 데 사용된다. 새로운 연구를 통해 바오밥나무의 항균, 항바이러스, 항염 성질에 대해 살펴본 결과 긍정적인 결과를 보여주는 내용이 많았다.

바오밥나무가 마을 생활의 중심이 되는 경우도 많다. 나무가 내주는 그늘이 모임을 갖거나 여러 문제를 해결하기에 좋은 장소가 되기 때문이다. 나무는 또한 신화와 전설에 둘러싸여 있어, 창조신화에 자주 등장하며 마법을 부리는 신비한 존재로 인식되기도 한다. 꽃 속에는 정령이 살고 있어서 꺾으면 안 되고, 씨앗으로 만든 음료는 악어로부터 우리를 보호해주는 것으로 여겨진다. 이런 모든 것들이 바오밥나무를 참으로 중요하고 쓸모 많은 나무로 만들어 준다.

대만삼나무
The coffin tree

Taiwania cryptomerioides

원산지인 동아시아에서 이 나무는 '구세계 수목(Old World forests)' 가운데 가장 큰 종이며, 세계에서 가장 키가 큰 나무라는 타이틀의 강력한 경쟁자이다. 현재 최고 기록을 보유하고 있는 미국삼나무(*Sequoia sempervirens*, 216페이지)와 키, 모양, 종류가 매우 비슷하다. 일부 대만삼나무(*Taiwania cryptomerioides*)는 높이가 90m까지도 되고, 곧게 쭉 뻗은 줄기의 직경이 4m를 넘는 것으로 알려져 있다.

대만삼나무가 새로운 침엽수 종으로서 학술용으로 처음 채집된 것은 1904년 일본인 식물학자 나리아키 코니시(Nariaki Konishi)에 의해서였다. 그로부터 2년 후인 1906년, 또 한 명의 저명한 일본인 식물학자, 분조 하야타(Bunzo Hayata)는 이 나무에 대한 내용을 책으로 출간했다. 하야타는 20세기 초 대만에 있는 많은 식물에 이름을 붙여준 인물이기도 하다. 처음에는 나무가 섬나라인 대만에서만 자라는 것으로 추정됐기 때문에 '*Taiwania*'라는 속명이 붙었다. 하지만 이 나무는 나중에 중국 본토 일부와 미얀마, 베트남 북부에서 발견되었다. 중국에서 발견된 나무는 '*Taiwania flousiana*'라는 별개의 종으로 분류되긴 했지만, 두 종 사이에 실제로 식물학적 차이가 있는 것으로 여겨지는 않는다. '*flousiana*'라는 이름은 두 종의 자연 서식지를 구분하기 위해서만 사용된다. 원산지 대만에서 '*Taiwania*'는 고도 1,800~2,500m에 있는 몇몇 외진 산과 고도 3,952m의 타이완 위산(모리슨 산) 서쪽 경사면에서 자란다. 타이완 위산은 대만에서 가장 높은 산으로, 별칭인 모리슨 산은 19세기 잉글랜드의 선교사 로버트 모리슨(Robert Morrison)의 이름에서 온 것이다. 현재는 '위산'이라는 이름으로 불리며, 번역하면 옥(玉)산이다.

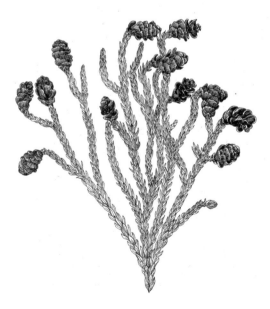

육체와 영혼

맞은편 그리고 오른쪽
성숙한 대만삼나무 표본은
세계에서 가장 키가 큰 나무 중
하나일 정도로 하늘 높이 치솟은
높고 민둥한 줄기를 가지고
있다. 목재는 부패에 강해 관
제작과 사원 건축에 사용되었다.
대만삼나무의 매우 뾰족한
청록색 잎들이 부채꼴 형태로
달려 있다.

현재 중국에서 대만삼나무는 벌목 금지 대상이다. 자연 서식지에서 보호를 받아야 할 나무를 알리기 위해 발행된 다섯 가지의 기념 우표 중 하나에 수록되었다.

대만삼나무는 이 산의 으뜸가는 거목이다. 1900년대 초 목재를 목적으로 대거 벌목되기 전에는 필히 지금보다 더 인상적인 존재였을 것이다. 침엽수를 통틀어 가장 기품 있고 우아한 표본인 어린 대만삼나무는 완벽한 피라미드 형태를 갖추고 있다. 가느다란 가지들은 아래로 늘어져 있지만 성장 중인 끝부분은 위를 향하고 있다. 겨울이면 특히 눈에 띄는 연한 청록색의 뾰족한 잎들이 부채꼴 형태로 작은 가지마다 커튼처럼 매달려 있다. 대만삼나무는 성장이 느리고 장수하는 나무 종으로 최대 2,000살까지도 살 수 있다. 성숙한 표본은 주위 나무들보다 높이 솟은 민둥한 줄기를 가지고 있으며, 다소 들쭉날쭉한 수관을 가진 경우도 있다.

잘 마른 대만삼나무 목재는 가볍고 유연하며, 톡 쏘지만 기분 좋은 향을 가졌다. 내구성이 대단히 뛰어나고 병충해와 부패에 강하며, 과거에는 사원과 주택을 짓는 용도로 수요가 높았기 때문에 과도하게 벌목되었다. 일부 나무는 붉은색과 연노란색 나이테가 아름답게 새겨진 결이 고운 목재를 가지고 있어, 고급 가구나 목공품 제작용으로 매우 인기가 많다. 하지만 가장 잘 알려진 나무의 용도는 영어 통속명(The coffin tree)에서 알 수 있듯 '관'을 만드는 것이다. 대만삼나무는 부유한 중국인들의 관 제작용으로 특히 인기가 많았기 때문에 큰 나무는 대단히 값비쌌을 것이다. 잉글랜드의 식물 채집가이자 탐험가인 프랭크 킹던 워드(Frank Kingdon-Ward)는 훌륭한 대만삼나무 표본이 전시를 위해 운반되는 모습과 벌목된 나무가 운송되기 전에 톱으로 잘리는 모습을 자세히 설명했다. 그는 다 자란 나무에서 60~80개의 널빤지가 나올 것으로 추정했다. 이 기품 있는 나무는 1918년 어니스트 윌슨(Ernest Wilson)에 의해 서구 정원으로 전파되었으며 매력적인 특징으로 인해 현재 관상용으로 재배되고 있다. 대만삼나무의 원산지가 대만이라는 점에서 북위의 야외에서 별도의 보호장비 없이 자라기에는 나무의 내한성이 부족할 것이라고 흔히 추정한다. 하지만 대만삼나무는 대부분의 겨울을 견뎌내며, 비바람을 피할 수 있고 햇빛이 드는 장소에서 재배하면 생각했던 것보다 훨씬 더 추위에 강하다. 태평양 연안과 미국 남동부, 호주와 뉴질랜드 등 좀 더 따뜻한 지역에서 대만삼나무가 훨씬 더 잘 자라기는 하지만, 이 지역의 나무들은 원산지의 나무들과 비교했을 때 아직은 어리다.

자연 서식지의 대만삼나무는 현재 취약종으로 등록되어 있으며 값비싼 목재가 초래한 과잉 벌목과 불법 벌목으로 위기에 처해 있다. 그러나 1984년 대만에서 '위산 국립공원'을 설립하고 중국 본토에서 벌목을 금지하면서 이 경이로운 나무가 조금이나마 보호를 받게 되었다. 1992년 대만삼나무를 포함하는 다섯 개의 대만 고유 침엽수가 특별한 우표 세트로 발행되었다. 이 귀하고 아름다운 나무가 마땅히 받아야 할 보호를 환기시키기 위해서였다.

육체와 영혼

용혈수
Dragon's blood tree

Dracaena cinnabari and *D. draco*

═══════

참으로 범상치 않고 독특한 종, 용혈수(*Dracaena cinnabari*)는 아프리카의 뿔 (Horn of Africa, 아프리카 북동부 지역) 연안에서 240km 떨어진 소코트라 섬에서 만 자란다. 지구상에서 가장 이국적인 장소로 자주 묘사되는, 인도양에 위치한 이 외딴 섬은 사막장미(*Adenium obsesum subsp. socotranum*)와 오이나무 (*Dendrosicyos socotranus*)같이 외계에서 온 듯한 식물들이 자라는 것으로 유명하다. 이 섬의 식물들은 불모의 풍경 속에서 살아남기 위해 기이하지만 영리한 방식으로 진화해왔다. 소코트라는 수백만 년 전에 아프리카 대륙에서 떨어져 나왔으며 식물군의 약 37퍼센트가 다른 곳에서는 볼 수 없는 고유종이다. 이러한 종들 가운데서도 아마 용혈수가 가장 유명할 것이다.

성장 속도가 느린 이 상록 교목은 생김새가 우산을 닮았다. 어쩌면 거대한 초록색 버섯에 비유할 수도 있을 것이다. 검 모양의 광택이 나는 긴 잎들이 돔 형태로 빽빽하게 좌우 대칭을 이룬 수관은 뜨겁고 건조한 환경에서 물을 저장하는 데 도움이 된다. 이 수관이 빈틈없는 그늘을 제공하여 수분 증발을 줄이고 물을 뿌리까지 내려보낸다. 잎은 대체로 울퉁불퉁한 가지의 위쪽으로만 자라서 나무의 모습을 더욱 괴이하게 만든다.

한때는 섬 전역에 퍼져 있던 건강한 개체군이 이제는 해기어 산맥(Haggier Mountains)과 그 주변의 고도가 높은 지역, 특히 로케브 디 피르미힌(Rokeb di Firmihin) 석회암 지대에서 주로 발견된다. 용혈수가 척박하고 암석이 많은 토양에서 번성하기 위해서는 일정량의 비, 안개, 운량이 필요하다. 그런데 지난 세기를 거치며 이러한 조건들이 더 희박해졌다. 그에 더해, 가뭄으로부터 용혈수를 보호해줄 하층부 관목이 없는 곳에서는 묘목이 잘 자라지 못하며, 염소와 소의 방목으로 이 상징적인 종의 서식지가 줄어들 수도 있다. 기후변화역시 나무 쇠퇴에 원인을 제공하고 있다. 현재 용혈수는 IUCN의 멸종 위기

Dr Smith.
May 31 - 1913

copy of a drawing sent by
Dr George V. Perez
          Puerto Orotava Teneriffe

Dracaena Draco

맞은편 용나무는 느리게 성장하고 매우 독특한 모습을 하고 있다. 하늘을 향해 쭉 뻗은 가지 위쪽에 잎들이 수북하여 종종 우산이 뒤집힌 것처럼 보인다.

오른쪽 용혈수와 용나무는 자라는 것이 별로 없는 돌투성이 환경에서 번성하기 위해 다른 종들과의 관계에 의지한다.

식물 레드 리스트에서 '취약종'으로 분류된다.

2월이 되면 녹색을 띤 하얀색의 향기로운 꽃 무리가 가지 끝에 나타났다가 다육질의 작은 열매로 발달하고, 열매는 익으면 다홍색으로 변한다. 그러면 새들과 동물들이 찾아와 열매를 먹고 씨를 퍼뜨린다. 따라서 이 종들이 하나라도 사라지면 나무의 재생과 확산 능력에 영향을 미친다. 용혈수를 소중히 여기는 생물이 이뿐만은 아니다. 예로부터 인간도 용의 피로 불리는 용혈수의 루비처럼 붉은 수지를 소중하게 생각했다. 껍질에 생긴 균열이나 상처로부터 흘러나오는 붉은 수액은 나무를 감염으로부터 보호하며, 수백 년간 채취되어 다양한 용도로 쓰였다. 집과 물건을 장식하는 물감뿐 아니라 바디페인트로 사용되기도 했으며, 소코트라 지역의 전통의학에서도 중요한 구실을 담당했다. 한때는 수지를 넓은 지역에서 정기적으로 수확했으나, 현재는 수요가 줄어들었다.

용혈수(*Dracaena cinnabari*)는 카나리아 제도, 카보베르데, 마데이라 제도의 용나무(*D. draco*)와 밀접한 관련이 있으며 생김새도 비슷하다. 용나무 역시 수지를 목적으로 한때는 넓은 지역에서 사용되었고, 열매는 도도새와 마찬가지로 현재는 멸종한 새의 먹이였던 것으로 전해진다. 안타깝게도 용나무는 현재 서식지 소실과 가축 방목으로 인해 야생에서 그 수가 심각하게 감소했다.

용혈수

흑단나무
Ebony

Diospyros ebenum

흑단나무는 우리에게 아름다운 음악을 선사하고 최고급 가구를 만들 수 있는 영광을 주었다. 장인들은 수백 년 동안 새까맣고 결이 고운 흑단나무의 목재를 찾아다녔고, 그렇게 해서 찾은 목재는 피아노, 바이올린, 첼로로 탄생하기도 하고, 최고급 진열장, 탁자, 의자, 시계의 상감이나 베니어판으로 쓰이기도 했으며, 체스 세트와 수많은 장식품에 사용되었다.

흑단은 내구성이 뛰어난 목재로 무겁고 밀도가 매우 높다. 일부는 너무 무거워서 물에 뜨지 않을 정도다. 너무 단단해서 다루기는 어렵지만, 대리석과 비교했을 때 섬세한 광택 마감이 가능하며 매우 정교한 무늬를 새길 수 있다. 진열장 제작에 최고급 목재로 평가되며 수세기에 걸쳐 유럽에서 칭송받아 왔다. 15세기 독일 목수들은 흑단으로 고급 진열장을 만드는 데 전문가였으며, 16세기 프랑스에서는 진열장 제작자들이 흑단으로 가구를 만드는 사람들로 정의되면서 '흑단 소목장이(menuisier en ébene)' 또는 '흑단 가구 장인(ébenistes)'으로 불리기도 했다. 어떤 물건이라도 흑단이 더해지면 사치품으로 바뀌어 귀족과 큰 부자들만 가질 수 있었다.

셰익스피어 시대의 영국에서 검고 단단한 이 나무의 특성이 알려져 칭송받았던 것은 확실하다. 셰익스피어가 자신의 희곡 여러 편에서 흑단을 언급하고 있기 때문이다. 예를 들면 1590년대 중반 쓴 것으로 여겨지는 「사랑의 헛수고」에서 나바라의 왕 페르디난드가 외친다. '경의 연인은 흑단처럼 검도다', 이에 귀족 베로네가 답한다. '그녀가 흑단 같다고요? 오, 신성한 나무여! 그런 나무 같은 아내를 맞는다면 더없는 행복일 겁니다.'

감나무 속(*Diospyros*)의 몇몇 종이 '흑단'으로 취급되어 상업용으로 벌목되었고, 때때로 다른 속들도 마찬가지였다. 그러나 인도 흑단 또는 실론 흑단으로 불리는 *D. ebenum*과 코로만델 흑단 또는 동인도 흑단으로 불리는 디오스피로스 *D. melanoxylon*이 가장 귀한 나무로 평가되었다. 인도 흑단은 가

위 흑단의 검은 심재는 매우 단단하여 이것으로 만든 물건에는 복잡한 문양을 새길 수 있다. 이 빗처럼 말이다.

맞은편 여러 종류의 흑단이 세계의 다양한 지역에서 자라지만, 실론 흑단(*Diospyros ebenum*) 또는 인도 흑단이 목재용 나무로 가장 높이 평가된다.

육체와 영혼

J.Vauzne del.   Melle Noiret S.Mougeot sc.

Plaqueminier faux-Ébénier.

흑단나무

장 확실한 검은색 심재를 가지고 있다 —다른 흑단에는 갈색이나 회색 줄무늬가 있을 수도 있다. 성장 속도가 느린 이 상록수 종은 최대 20m 높이로 자라며 스리랑카와 인도 남부의 습도 높은 해안가 삼림지대가 원산지이다. 다른 흑단들은 동남아시아 전역과 인도 남부, 열대 아프리카의 일부 지역에서 광범위하게 자란다.

흑단 목재는 언제나 귀하고 값비싼 품목이었다. 흑단은 1600년대에 이미 인도, 모리셔스, 마다가스카르에서 영국으로 수입되었지만, 아프리카 시장과 거래를 시작한 것은 1800년대 들어서였다. 스리랑카에 영국인들이 거주하기 시작하면서 흑단 공급이 증가하여 더 많은 사람들이 사용할 수 있게 되었다. 하지만 1900년대가 되면서 최고급 흑단 목재가 부족해지기 시작했고 20세기 초가 되자 동양으로부터의 선적이 중단되었다. 흑단은 높이 평가되는 나무임에도 불구하고, 지속 가능한 방식으로 관리되지 못했고 현재는 멸종 위기에 처한 것으로 간주되고 있다. 오늘날, 많은 종의 흑단 목재를 대상으로 거래를 금지하고 있지만, 수십억 파운드 가치의 불법 거래가 계속되고 있다.

여러 종류의 감나무속이 좋은 평가를 받는 이유가 비단 목재 때문만은 아니다. 가령, 인도 흑단은 작은 골프공 크기의 열매를 맺는데 겉보기에는 색이 바랜 벨벳 같지만 맛은 좋다. 감나무속 중에 일부 예상치 못한 종이 열매를 목적으로 재배되는데, 그중 하나가 감나무다. 그중에서도 감나무(*D. kaki*)와 미국감나무(*D. virginiana*)가 재배된다(99페이지).

흑단이 높은 수요와 함께 좋은 평가를 받는 이유는 주로 목재 때문이긴 하지만, 감나무속은 식용 열매도 생산한다. 인도 흑단의 열매는 골프공만 한 크기에 맛이 좋다고 알려져 있다.

육체와 영혼

벵갈고무나무
Indian banyan fig

Ficus benghalensis

노령의 벵갈고무나무(*Ficus benghalensis*)와 마주치는 일은 식물계의 거목을 만나는 일이기도 하지만 신념과 사회를 상징하는 존재와 만나는 일이기도 하다. 가장 큰 표본 가운데 하나는 전체 폭의 직경이 무려 200m에, 높이는 30m에 이르기도 한다. 이 표본들의 몸통은 팔다리를 펼친 것처럼 넓게 퍼져 있고, 그 아래 늘어진 채 지상에 노출된 뿌리까지를 완전체로 인도의 신비를 눈으로 보는 것만 같다. 실제로 이 나무는 인도의 국목이다.

방대한 크기의 벵갈고무나무는 크고 질긴 잎까지 가져 원산지인 인도와 파키스탄에서 쉴 수 있는 그늘을 제공해주며, 흔히 상거래를 위한 장소와 만남의 장으로 사용된다. 다수의 나무가 야생에서 자생하지만, 인도의 공원과 길거리, 그리고 힌두 사원 근처에도 심어진다. 나무를 보러 온 사람들은 종종 리본이나 작은 조각상을 자신의 바람과 기도의 상징으로 뿌리와 나뭇가지 사이에 감춰둔다. 그래서 벵갈고무나무는 '소원을 성취해주는 나무'로 알려져 있다. 나무는 힌두교에서 신성시되며, 뿌리, 줄기, 잎이 창조의 신(브라마), 유지의 신(비슈누), 파괴의 신(시바)과 연관되어 있다. 나무는 또한 불멸의 삶을 상징하는데, 이 종이 계속 자라고 퍼져나가는 것을 생각해보면 놀라운 일은 아니다.

얼핏 보면 가느다란 기근(지상에 노출된 뿌리)이 방대하게 뒤엉켜 있어 서로 다른 나무들이 뭉쳐 있는 것으로 보일 수 있지만, 사실은 한 그루의 고목(古木)인 경우가 많다. 이와 같은 개체는 다른 나무의 가지에 생긴 틈에 동물이나 새가 떨어트린 새빨간 무화과의 씨에서 삶을 시작했을 것이다. 그러다 묘목이 충분히 커지면 대지를 향해 뿌리를 내려보내고, 마침내는 숙주 나무의 몸통을 타고 내려가며 하나의 망을 구축한다. 시간이 흐르면서 무화과의 뿌리가 혼연일체가 되어 나무를 완전히 감싸게 되고, 결국에 빛과 영양분을 차단시키는 장막이 된다. 이와 같은 성장 습성 때문에 벵갈고무나무는 '교살자'

맞은편 벵갈고무나무는 교살자 무화과다. 다른 나무의 가지에서 싹을 틔운 후 기근을 내려보내 숙주 나무를 서서히 감싸기 때문이다. 크고 나이 많은 표본들은 만남의 장소로 사용되며, 쉴 수 있는 그늘을 제공하여 그 가치를 인정받는다.

아래 벵갈고무나무는 힌두교에서 신성시되며, 흔히 나무 근처에, 심지어는 나무 안에도 사원이 세워진다.

무화과('strangler' fig)로 불린다.

벵갈고무나무는 살아있는 동안 계속해서 가지로부터 기근을 내려보낸다. 그 결과 뿌리가 몸통 역할을 하며 계속 뻗어 나가는 나무를 지탱한다. '인도의 랜드마크 나무들' 조사에서 일곱 개의 거대한 벵갈고무나무를 찾았는데, 그중 가장 부피가 큰 팀맘마 마리마누(Thimmamma Marrimanu)라는 나무가 방갈로르에서 북쪽으로 약 160km 떨어진 아난타푸르 마을에서 자라고 있었다. 대단히 인상적인 이 나무는 4,000개의 지주근을 가지고 2헥타르에 걸쳐 퍼져 있으며, 세계에서 가장 큰 임관을 형성하고 있다. 나무의 중심이 있는 곳에 작은 사원 하나가 있어서 나무와 사원에는 축복을 바라는 사람들, 특히 아이가 없는 부부들의 발길이 이어지고 있다.

벵강고무나무는 인상적이고 신성할 뿐 아니라 대단히 유용하기도 하다. 이 종의 수액은 많은 전통의학에서 약재로 사용된다. 상처, 물집, 멍과 같은 피부 증상을 치료할 뿐 아니라 치통 완화제, 최음제, 모발 촉진제로 쓰이며 뱀에 물렸을 때도 사용한다. 기침, 구토, 설사 및 콜레라나 이질 같이 심각한

육체와 영혼

질병을 위한 치료제에 섞기도 했다. 현재는 당뇨병 치료에 대한 가능성이 연구되고 있다.

벵갈고무나무 목재는 견고하여 모든 종류의 생활용품에 활용될 수 있으며, 껍질에서 추출한 섬유로는 밧줄과 종이를 만든다. 이 거대 나무 종에서 나오는 가장 놀라운 제품 중 하나는 아마도 '셸락(shellac)'일 것이다. 셸락은 프랑스산 광택제의 중요한 원료다. 이 귀중한 수확물은 나무에 사는 암컷 랙깍지진디(lac insect)의 수지를 함유한 분비물에서 파생되는 것으로, 그 용도가 매우 다양하다. 셸락은 광택제, 니스, 프라이머(밑칠용), 목재 마감용 제품뿐 아니라 의약품, 과자류, 옷, 화장품, 손목시계, 심지어 불꽃놀이용 화약에도 사용되며, 오래된 레코드판도 한때 셸락으로 만들었다.

유향나무
Frankincense

Boswellia sacra

＝＝＝

역대 크리스마스 선물 중 최초이자 가장 유명한 것은 단연 유향이다. 이 방향성 수지는 수천 년 동안 대기를 향긋하게 물들이고 우리의 삶을 향기롭게 해왔다. 성서에 기록되어 있듯, 예수의 탄생 선물 세 가지 중 하나였던 유향나무의 수지는 당시 또 다른 선물이었던 금과 같거나 그보다 더 큰 가치를 가졌다. 유향은 사실상 5,000년 가까이 거래되어 왔으며 대부분은 아라비아 반도에서 유래했을 것이다. 유향은 많은 종교의식에서 꼭 필요한 요소였으며, 고대 이집트인들은 유향을 수입하여 사원과 미라를 만드는 과정뿐 아니라 의약품으로도 사용하였다.

'*Boswellia*' 속의 몇몇 종이 귀중한 수지를 생산하지만, 그중에서도 가장 높이 평가되는 유향나무(*B. sacra*)는 오만 남서부와 예멘 남부, 그리고 아프리카 북동부의 소말리아와 에티오피아가 원산지이다. 최대 높이 8m의 작은 낙엽수인 유향나무는 석회암 경사면의 척박한 관목지대와 여름이면 주기적으로 안개로 뒤덮이는 해안가 언덕에서 자란다. 대개 줄기가 여러 개에, 넓은 밑동이 받침 역할을 하여 거친 암석 지형에서도 안정적인 이 나무는 종이처럼 얇게 벗겨지는 껍질과 서로 뒤엉킨 가지를 가지고 있다. 껍질에 상처가 생기면 나무에서 유성의 고무 수지가 스며 나와 유해물질이 침투하는 것을 차단한다. 수지는 유백색의 작은 방울 또는 '눈물(tear)' 형태로 나무줄기를 따라 흘러내리다 시간이 지나면 빨간색 또는 황갈색으로 굳는다.

오늘날 야생 유향나무가 여전히 많이 자라고 있는 지역 중에 프란킨센스 유적(the Land of Frankincense)으로 알려진 오만의 유네스코 세계 문화유산 보호지역이 있다. 이 지역은 한때 향로(香路, Incense Trail)의 출발점이었다.

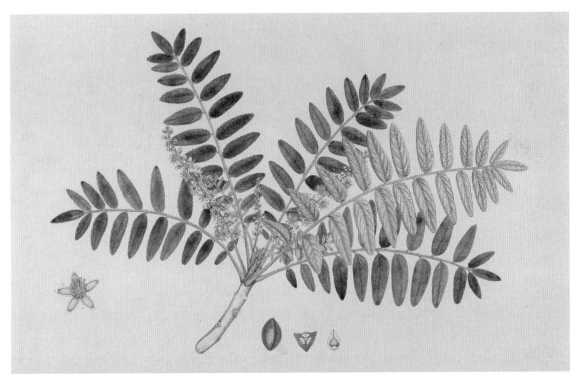

위 유향나무는 복엽과
연노란색의 작은 꽃을 가지고
있다. 나무가 10살 무렵이 되면
수지를 생산하기 시작한다.

맞은편 신화에 나오는 이
불사조는 유향나무 가지에
둥지를 짓고 수지 방울을 먹고
살았다고 한다.

향로란 메소포타미아와 지중해의 시장으로 수지를 운송하던 상인들이 모여
든 육상 인도 통로(영국에서 지중해를 거쳐 인도까지 연결)를 말하며, 실크로드와 같
이 물품 운반에 이용되던 다른 주요 도로들과 연결되어 있었다. 유향은 아라
비아를 비롯한 여러 국가에 막대한 부를 가져다 주었다. 요르단의 고대도시
페트라는 향 무역에서 창출된 재산을 바탕으로 나바테아 인들이 건설한 것
이다. 유향이 대단히 중요했기 때문에 헤로도토스, 테오프라스토스, 플리니
우스와 같은 고대 그리스와 로마의 저술가들도 유향의 기원, 수확, 용도에 대
해 언급한 바 있다.

유향은 지금도 껍질에 상처를 내는 전통적인 방식으로 수확된다. 상처에
서 수지가 천천히 흘러나오기 시작하면 커다란 방울로 굳기까지 며칠이 걸
린다. 이것을 작게 잘라 2주간 건조시키면 판매할 준비가 끝난 것이다. 비록
이 향기로운 덩어리의 크기는 작지만, 나무 한 그루가 일 년에 몇 킬로그램은
생산할 수 있다. 유향은 수세기에 걸쳐 지속 가능한 수확을 해왔지만 최근 향
수산업에서 국제 수요가 증가함에 따라 소말리아 등지의 야생 나무들이 손
상될 위험에 처해 있다.

향으로서의 용도 외에도, 유향을 물에 녹여 열병, 기침, 궤양, 구역질, 소
화불량을 치료하기도 했다. 오만에서는 지금도 유향을 탈취제와 치약에 사용
하고 불에 태워 모기를 쫓는다. 조금 더 낭만적인 이야기를 하자면, 불사조가
유향나무 가지에 둥지를 짓고, 그 '눈물'을 먹고 살았다는 전설이 있다.

산사나무
Hawthorn

Crataegus monogyna

═══════

관목처럼 생긴 작고 가시 많은 나무로 북유럽의 산울타리에서 흔히 볼 수 있는 산사나무(*Crataegus monogyna*)는 시골 어디에나 있어 큰 주목을 받지 못할 때가 많다. 우리에게는 관심의 대상이 아닐 수 있지만, 이 나무는 선사시대부터 역사, 문화, 민간전승, 종교와 밀접한 관련이 있었다. 나무는 또한 우리가 보는 풍경 속 자연 생태계에서 지극히 중요한 요소로, 봄에는 만개한 꽃과 함께, 가을이면 풍성한 빨간 장과와 함께 곳곳에서 숲과 울타리를 이룬다.

산사나무는 '메이플라워'로도 알려져 있다. 5월이 되면 여러 갈래의 푸릇푸릇한 잎 위로 연분홍빛을 머금은 작고 하얀 꽃이 만발하기 때문이다. 그리고 오월제(May Day, 5월 1일)와도 깊은 관련이 있다 — 과거에는 고대 켈트족의 벨테인 축제였으며 오늘날 많은 국가에서 공휴일로 기념하고 있다. 기원전 이교도 시대에 오월제는 소란스러운 행사였지만 19세기에 들어서는 훨씬 진지해지고 낭만적으로 묘사되었다. 사람들은 '5월의 기둥' 주위에서 춤을 추었고 공동체의 존경을 받는 사람들이 매년 5월의 신사와 숙녀에게 왕관을 씌어 주었다. 1881년부터는 예술 비평가인 존 러스킨(John Ruskin)이 첼시의 화이트랜즈 칼리지에서 5월제를 주관하였으며, 선발된 5월의 여왕에게 금으로 된 산사나무 가지 모양의 아름다운 화이트랜즈 십자가를 선사하기도 했다.

최대 15m 높이로 자라는 적당한 크기의 산사나무는 수없이 많은 미신을 만들어 냈다. 예컨대, 요정들이 산사나무에 살고 있다는 믿음 때문에, 아일랜드를 비롯한 일부 지역에서는 외딴 산사나무에 손상을 입히면 불행이 찾아온다거나 산사나무 꽃을 집 안으로 들이면 병에 걸리거나 죽을 수도 있다고 여겼다. 산사나무 꽃의 악명은 아마도 강한 향과 관련이 있을 것이다. 어떤 사람들은 이 향을 싫어하지만 어떤 사람들은 이 향에 마음을 빼앗긴다. 마르셀 프루스트(Marcel Proust)가 산사나무 옆을 지나치던 순간을 길고 자세하게 묘사한 것과 그 향기가 떠올린 기억에 대해 쓴 글은 유명하다.

산사나무는 야생 생물에게 매우 소중하다. 봄에는 수분 매개체인 곤충에게 꿀을 제공하고, 잎은 애벌레의 먹이가 되며, 가을에는 산사 열매가 조류와 포유류의 먹이가 될 뿐 아니라, 둥지를 짓는 새들을 보호해주기 때문이다. 이 그림은 존 제임스 오듀본의 『미국의 새들(Birds of America)』에 수록된 것으로 산사나무에 앉아 있는 때까치를 보여준다.

육체와 영혼

PLATE. CXCII

Great American Shrike or Butcher Bird. LANIUS SEPTENTRIONALIS *Male. 1 F. 1. Summer Plumage N° 3. Young or Winter N° 4. Hawtrigan specifica. Engraved Printed & Coloured by R. Havell. 1834.*

맞은편 산사나무는 지역의 유용한 랜드마크가 될 수 있으며 산울타리에 꼭 필요한 구성요소이다. 산사나무(hawthorn)의 'haw'라는 단어는 산울타리(hedgerow)를 뜻하는 중세 영어 단어에서 온 것으로 추정된다.

아래 봄이 되면 산사나무에 여러 갈래의 매력적인 잎이 자라고 작고 하얀 꽃이 만발한다. 이 꽃은 가을이 되면 새빨간 산사 열매로 발달한다.

산사나무는 소원을 들어주는 나무(또는 악마나무)이기도 하다. 행인들은 자신의 인생에 건강과 사랑, 행운이 깃들기를 바라며 산사나무 가지에 리본이나 천을 묶기도 하고 나무껍질에 동전을 찔러 넣기도 한다. 대개 신성한 우물 옆에 위치한 이런 나무들은 금방 유명해졌다. 속죄를 위해 대성당이나 신성한 장소를 찾는 순례자들이 걷던 길 위에서도 산사나무를 많이 볼 수 있다. 벨기에의 보랭에는 성모마리아의 성지가 있는데, 산사나무 가지 아래에서 성모가 아이들에게 모습을 드러냈다는 일화가 있다.

영국에서 가장 유명한 산사나무는 서머싯에 있는 글래스턴베리 가시나무다. '바이플로라(Biflora)'라고 불리는 산사나무의 품종이며, 이름에서 알 수 있듯 크리스마스 즈음을 포함하여 일 년에 두 번 꽃을 피운다. 글래스턴베리 대수도원의 수도사가 전하는 이야기에 의하면, 최초의 산사나무는 아리마테아의 요셉이 가지고 다니던 지팡이에서 싹을 틔운 것이라고 한다. 그는 예수의 십자가형을 목도한 인물이며 선교사로 영국에 왔다가 설교를 시작하며 땅에 지팡이를 꽂았더니 그 즉시 지팡이가 뿌리를 내리고 꽃을 피웠다고 한다. 그 이후로 많은 나무가 글래스턴베리 가시나무로 불리게 되었고, 당시 새로 심은 나무들은 훨씬 오래된 나무로부터 접목한 것이라고 한다. 그런 나무들 가운데 하나를 17세기 청교도 혁명 당시, 올리버 크롬웰의 부하들이 미신의 상징이라며 베어버렸고, 좀 더 최근인 2010년에는 신원미상의 가해자가 전기톱으로 베어버린 일이 있다.

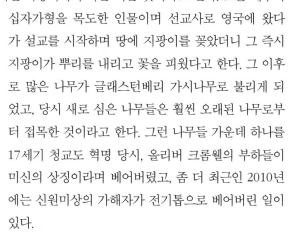

산사나무는 장미과(Rosaceae)에 속하며, 중국에서 미국까지 북부 온대 지역에서 자라는 산사나무 종은 총 200개가 넘는 것으로 추정된다. 그중 가장 긴 가시를 가진 것은 미국산사나무(*Crataegus crus-galli*)로 가시의 길이가 7cm를 넘는다. 산사나무(*Crataegus monogyna*)는 북유럽 시골의 역사와 뗄 수 없는 관계에 있다. 산사나무는 전통적으로 울타리용 나무로 사용되었는데, 빨리 자라서(성미 급한 가시나무[quickthorn]라는 통속명처럼) 가시 돋친 울타리가 되어 우리에 있는 가축은 지켜주고 다른 동물의 접근은 막아주었기 때문이다. 나무는 또한 야생 생물에게도 매우 소중하다. 봄에는 수분 매개체인 곤충에게 꿀을 제공하고, 잎은 애벌레의 먹이가 되며, 가을에는 산사 열매가 조류와 겨울

육체와 영혼

잠쥐 같은 작은 포유류의 먹이가 될 뿐 아니라, 둥지를 짓는 새들을 보호해주기 때문이다.

산울타리가 시골 풍경을 구성하는 중요한 요소임에도 불구하고, 산사나무는 지난 세기에 평안을 누리지 못했다. 제2차 세계대전이 끝나고 들판을 확장하는 과정에서 큰 기계를 이용해 수천 마일의 산사나무 숲을 밀어버렸기 때문이다. 그 결과 산사나무는 예전만큼 흔하지 않게 되었다. 그러나 다행스럽게도 많은 이들이 풍경과 야생 생물에 가해진 피해를 깨닫기 시작하면서, 이 작고 상징적인 나무는 이제 잘 가꾼 시골의 상징이 되었다.

뽕나무

White and black mulberry

Morus alba and *M. nigra*

═══════

뽕나무속(*Morus*)에는 약 12개의 종이 있는데, 모두 뽕나무과(Moraceae)에 속하는 낙엽성 피자식물이다. 규모가 큰 이 과에는 빵나무(*Artocarpus altilis*) 같은 열대 나무뿐 아니라 식용 무화과나무(*Ficus carica*)와 이 나무의 수많은 품종이 포함된다. 많은 뽕나무가 아프리카 열대지역과 아시아, 북아메리카의 온대 지역에서 자라고 있지만, 오늘날 정원에서 주로 재배되는 두 개의 중요한 종은 중앙아시아가 원산지인 블랙 멀베리(*Morus nigra*)와 중국이 원산지인 뽕나무(일명 화이트 멀베리, *Morus alba*)다. 특히 뽕나무는 중국에서 비단 생산, 즉 양잠업의 필수 요소로 4,000년 이상 경작되고 있다.

뽕나무는 성장 속도가 빠르고, 크기는 작은 것에서부터 중간 크기까지 있으며, 사방으로 뻗은 수관과 울퉁불퉁한 줄기를 가지고 있다. 잎은 모양과 크기가 그야말로 제각각이다. 잎 가장자리가 밋밋한 것에서부터 한쪽만 깊게 갈라지거나 양쪽 다 깊게 갈라진 것까지 있다. 수꽃과 암꽃은 대부분 별개의 나무에서 자라며, 수꽃차례에는 놀라운 재주가 하나 있다. 바로 꽃가루를 빠른 속도로 날려 보내는 것으로 유명하다. 수술이 새총과 같은 역할을 하여 꽃가루를 시속 560km 정도의 속도로 날린다. 이는 음속의 절반에 해당하는 엄청난 속도로, 식물의 왕국에서 관찰된 것 중에는 아직까지 가장 빠른 속도로 알려져 있다. 뽕나무의 열매는 블랙베리처럼 생겼으며 유년기에는 흰색이었다가 익으면 검붉은 색이나 보라색으로 변한다. 익기 전에는 독성이 있다고 하며, 익고 나면 블랙 멀베리에 비해 맛이 밍밍하다.

블랙 멀베리는 장수하며 기품있는 나무다. 나이가 들면서 옹이투성이인 줄기가 한쪽으로 기우는 일이 종종 있어 쓰러지지 않게 받쳐줘야 한다. 하트 모양 잎이 달린 넓게 퍼진 가지들은 때때로 고개를 숙이듯 아래를 향하고 있으며, 짙은 보라색이나 검은색에 가깝고 라즈베리를 닮은 다육질의 열매를 맺는다. 독특하면서도 살짝 신맛이 나는 이 열매가 대개 이 나무를 재배하는

블랙 멀베리는 중앙아시아에서 기원한 것으로 현재는 맛있는 열매를 목적으로 정원에서 재배되고 있다. 나이 많은 나무들은 울퉁불퉁한 나무껍질과 아래로 늘어진 가지를 가지고 있기도 하다.

육체와 영혼

Plate 126.

The Mulberry Tree

1. Cluster of Flowers
2. Flower separate
3. Fruit
4. Seed

Morus - nigra vulgaris

Eliz. Blackwell delin. sculp. et Pinx.

목적이다.

　화이트와 블랙, 두 멀베리를 재배하면서 서로 혼동하는 경우가 많으며, 가끔은 의도했던 용도와는 다른 것을 심기도 한다. 17세기 이탈리아와 프랑스의 비단 산업을 따라잡으려 했던 잉글랜드의 제임스 1세가 바로 그런 실수를 했다. 수천 그루의 멀베리 나무가 수입되면서 왕은 현재의 버킹엄 궁전 북쪽 정원에 1.6 헥타르에 달하는 자신만의 멀베리 과수원을 만들었다. 나무는 '왕립 멀베리 관리인'들에 의해 재배되었다. 1609년 제임스 1세는 주지사들에게 누에(*Bombyx mori*)의 먹이원으로 멀베리 숲을 장려하는 편지를 썼다. 누에가 생산하는 명주실로 비단을 짜기 위함이었다. 그러나 당시에 심어진 나무는 불행히도 '블랙 멀베리'였다. 누에는 블랙 멀베리도 먹기는 하지만, 뽕나무 잎을 훨씬 더 좋아한다(프랑스인들은 이 사실을 알고 있었다). 그리하여 영국의 비단 산업은 실패하게 되었다.

실수였을지는 몰라도, 이 실수가 전화위복의 계기가 되었다. 영국에서는 블랙 멀베리가 더 잘 자라기 때문이다. 사실 제임스 1세 시대 이전에도 블랙 멀베리는 영국에서 성공적으로 재배되고 있었다. 로마인들은 이 열매를 대단한 별미로 생각했고 의약품에도 사용했다. 오늘날 블랙 멀베리는 잼과 음료용으로 여전히 높은 수요를 누리고 있으며, 아이스크림 제조업자와 진 증류업자들에게도 인기가 많다. 노파심에 경고 한마디를 하자면, 잘 익은 블랙 멀베리를 즙이 묻어나오지 않게 따는 것은 불가능하며, 옷에 묻기라도 하면 핏빛 얼룩이 영원히 지워지지 않을 것이다.

로마의 시인 오비디우스는 『변신 이야기』 4권에서 블랙 멀베리 색의 기원에 대해 설명한 바 있고, 윌리엄 셰익스피어는 그 내용을 『한여름 밤의 꿈』에 극중극으로 삽입하기도 했다. 금지된 사랑을 다룬 이 이야기에서, 피라모스와 티스베는 멀베리 나무 아래서 비밀리에 결혼하기로 계획을 세운다. 약속한 장소에 먼저 도착한 티스베는 갑자기 나타난 사자를 피하느라 잠시 자리를 비운다. 도망치던 그녀는 그만 스카프를 떨어뜨리게 되고, 스카프는 맹수에 의해 찢기고 피로 물든다. 피로 얼룩진 스카프를 발견한 피라모스는 연인이 죽었다고 생각하여 칼로 자기 자신을 찌르고, 그의 피가 나무의 흰색 열매를 검붉은 색으로 물들인다. 그때부터 이 열매의 즙은 짙은 루비색으로 남게 되었다.

육체와 영혼

비누껍질나무
Soap bark tree

Quillaja saponaria

=====

칠레 중부의 건조한 숲에는 과거 안데스산맥 원주민들에게 대단히 유용한 생산물을 제공했으며 현재도 매우 값진 상업용 작물로 조심스럽게 수확되는 나무가 자란다. 라틴어 종소명 '*saponaria*'와 영어 통속명 '*Quillaja*'에서 짐작할 수 있듯이, 비누껍질나무(*Quillaja saponaria*)의 내피를 말려 가루로 만들면 순한 천연 비누를 만드는 데 사용할 수 있다. 내피에 함유된 사포닌이 물에 섞이면 거품을 일으켜서 이를 비누 거품 삼아 무엇이든 씻으면 된다.

이 나무에서 추출되는 사포닌은 안전하고, 안정적이며, 효과적이기 때문에 현재 비누와 샴푸를 포함한 다양한 제품에 쓰이고 있다. 더 놀라운 사실은, 비누껍질나무 추출물이 탄산 음료와 루트비어(미국식 탄산 음료)의 기포제로, 그리고 디저트와 캔디류를 포함한 식품의 재료로도 쓰인다는 것이다. 심지어는 소화기와 농약 분무액에도 사용되며 예전에는 필름 현상액의 성분으로도 쓰였다. 사포닌의 다양한 용도는 이 정도에서 끝나지 않는다. 최근 들어 사포닌이 특정 동물 백신의 효력을 증가시켜 주는 것으로 나타났다. 고도로 정제된 사포닌을 앞서 말한 동물 백신의 '보조제'로 실험한 결과, 아주 소량만 추가해도 백신의 효력이 증가하는 것을 알 수 있었다.

비누껍질나무는 매력적인 꽃을 피우는 중간 크기의 상록 교목이다. 속명인 '*Quillaja*'는 이 나무를 뜻하는 칠레 현지 단어에서 온 것이다. 칠레에서는 이 나무를 재배하고 수확하는 재배업자들이 5년을 주기로 나무의 35퍼센트 이상을 수확하지 않도록 주의한다. 이와 같은 수확 방식은 새로운 성장을 촉진시키고 작물을 지속 가능하게 만드는 결과를 낳는다. 원산지인 칠레에서 키라야는 가슴 통증을 위한 전통적인 약재로 오랫동안 사용되어 왔다. 나무를 현대 의학에 접목하기 위해 지속적인 연구가 이루어지고 있으므로, 이 칠레산 천연 보물에서 새로운 제품이나 약품이 나올지도 모르겠다.

칠레산 비누껍질나무는 크고 질긴 상록수 잎과 고운 흰색 꽃을 가지고 있다. 나무의 껍질에 함유된 사포닌을 추출하여 천연 비누를 만들 수 있으며, 세제, 탄산 음료, 심지어 백신에도 사용할 수 있다.

빅사
Annatto

Bixa orellana

=======

이상하게 들릴 수도 있겠지만, 다홍색의 씨앗을 가진 남아메리카산 나무를 특정 치즈와 립스틱, 그리고 우리에게 친숙한 수많은 식료품 및 화장품과 연관 지을 수 있다. 착색제인 안나토의 원료로 쓰이며, 아치오테, 립스틱나무 등으로도 알려졌다. 빅사 또는 안나토(*Bixa orellana*)는 작은 상록 교목으로 높이는 최대 30m까지 자라며 하트 모양의 넓은 잎과 분홍색 수술의 존재감이 압도적인 창백한 분홍색 꽃을 가지고 있다. 수분이 되고 나면 꽃은 뾰족한 가시가 덮인 삭과로 발달하고, 삭과가 익으면 껍질이 벌어지면서 각이 진 수십 개의 빨간색 씨앗이 드러난다. 빅사가 유용한 염료를 산출할 수 있는 것은 이 씨앗에 함유된 '빅신'이라는 수용성 색소 때문이다. 오늘날 빅신은 사프란 다음으로 중요한(경제적으로) 천연착색제이다.

고대 남아메리카인들은 수백 년에 걸쳐 빅사를 바디 페인트뿐 아니라 음식에 색을 입히고 풍미를 돋우는 용으로 사용했다. 아즈텍인들은 안나토를 초콜릿 음료에 넣어 마셨고, 16세기 멕시코에서는 안나토를 원고 채색을 위한 빨간색 잉크의 원료로 사용하였다. 이러한 전통은 남아메리카 국가의 원주민들에 의해 그 명맥을 유지하고 있다. 이들은 강렬한 색감의 빅사 씨앗을 이용하여 머리카락, 의류, 음식에 색을 입히고, 오일과 섞어 보디 페인트로도 사용한다. 안나토에 장식적인 기능만 있는 것은 아니다. 피부에 발라 자외선차단제와 방충제로 쓸 수도 있다. 안나토는 오랫동안 전통의학의 원료이기도 했다. 껍질, 잎, 씨앗 모두 일반적인 질병과 증상을 위한 치료제로 다양하게 사용되었다. 눈병, 멍, 상처에도 사용하고 거담제(가래약), 완하제(설사약)로도 사용되었다. 워낙 쓸모가 많다 보니 빅사는 지금도 서식지 전역에서 매우 다양한 통속명으로 불리고 있다.

안나토는 17세기부터 거래되기 시작했으며 18세기 들어 특히 스페인에서 견직물 산업용 염료로 사용되었다. 종소명 *'orellana'*는 스페인 탐험가이자 정복자인 프란시스코 데 오레야나(Francisco de Orellana)를 기리는 의미에서 붙인 것이다. 오늘날 안나토는 원산지인 브라질에서부터 카리브해, 심지어 인도와 스리랑카에 이르기까지 열대지역에서 널리 재배된다. 그리고 세계 곳곳에서 많은 이들이 안나토가 무엇인지도 모른 채, 이 천연염료를 먹거나 사용하고 있을 것이다. 치즈, 버터, 마가린, 팝콘, 커스터드, 스낵류, 과자류, 씨리얼 등의 식품에서부터 샴푸, 스킨케어 제품, 화장품(다른 통속명이 립스틱나무임)에 이르기까지, 수많은 제품에 안나토가 사용되고 있는데도 말이다. 이 작은 나무에서 수확되는 빨간색 천연염료는 방대한 글로벌 시장을 가지고 있으며 원산지에서 멀리 떨어진 곳에서도 커다란 상업적 영향력을 행사해 왔다.

뾰족한 가시로 덮인 삭과 안에는 각이 진 수십 개의 빨간색 씨앗이 들어 있다. 이 씨앗은 널리 사용되는 천연염료의 원료이다.

맹그로브, *Rhizophora mangle*

세계의 불가사의

나무는 상상력에 커다란 영향을 미친다. 우리는 최상급의 나무에 매료되며, 그렇게 크고, 오래되고, 육중하고, 희귀하고, 맛있고, 아름다울 수 있다는 것에 감탄을 금치 못한다. 이번에 나올 나무들은 우리의 경의와 감탄을 불러일으키며, 해당 종을 대표하는 특사 역할을 한다. 세계에서 가장 크고 가장 인상적인 일부 나무는 —미국삼나무, 카우리나무, 알레르세, 유칼리나무 등— 각각이 속한 원산지의 아이콘이거나 국가적 상징이다. 이 나무들은 각 지역의 자연이 가진 역사와 다양성, 문화를 보여주며, 우리에게 다른 세계와 시대를 통찰할 기회를 준다.

미국삼나무, 미송, 마운틴 애쉬는 세계에서 가장 키가 큰 나무라는 영예를 두고 오랫동안 경쟁해왔다. 그리고 그 영예를 차지하는 것은 최상급의 표본들이다. 현재 이 상의 주인공은 하이페리온(Hyperion)으로 불리는 미국삼나무다. 캘리포니아 레드우드 국립공원에 있는 이 나무의 높이는 약 115.9m에 이른다. 그러나 나무는 항상 변한다. 게다가 아직 높이를 측정하지 않은 다른 나무들이 계속 대기 중이라고 생각하면 참으로 흥미롭다.

물론 키가 전부는 아니다. 부피에서 최고를 기록한 메타세쿼이아도 있고, 무게에서 최고를 기록한 판도(Pando)라는 이름의 북미사시나무도 있다. 가장 나이 많은 브리슬콘소나무의 이름은 므두셀라이다. 다만 나무의 연대를 추정하는 일이 전문가들 사이에 논쟁거리로 남아 있다. 이렇듯 엄청난 나무들이 인류 역사의 수많은 세대를 거치며 살아왔고, 더 크고 강하게 자라왔다. 반면에 인간의 수명은 상대적으로 너무나 짧다는 생각은 우리에게 깊은 울림을 주는 것 같다.

일부 종에는 우리를 사로잡는 색다르거나 기이한 특성이 있다. 예컨대 두리안이 세상에서 제일 고약한 냄새가 나는 열매라는 것에는 거의 동의한다. 하지만 많은 이들이 두리안을 맛있다고도 생각한다. 코코드메르, 즉 바다코코넛도 범상치 않다. 이 열매는 가장 크고 가장 무거운 야생 열매라는 기록을 보유하고 있다. 맹그로브로 말할 것 같으면, 스스로 선택한 장소에서 성장하며 보여주는 적응력이 기가 막힐 정도다. 그 장소가 무엇이 되었든 잘 자라기 어려워 보이는 바닷속이기 때문이다. 모험과 탐험의 정신을 사로잡은 나무들도 있다. 그중에는 호주에 발을 디딘 최초의 유럽인들이 우연히 발견한 독특한 촛대뱅크시아나무와 중국 야생에서 채집된 고고한 비둘기나무가 포함된다. 메타세쿼이아와 같이 학계에서 오래전에 멸종한 것으로 여겼던 종이 최근에 재발견되어 세계적인 반향을 불러일으키기도 했다.

다행히 나무에 대한 관심이 점점 커지고 있다. 더불어 나무가 우리에게 얼마나 중요한지에 대한 인식도 커지고 있다. 앞으로도 오랫동안 나무가 우리를 황홀케 하고 기쁘게 하기를 바랄 뿐이다.

마운틴 애쉬
Mountain ash

Eucalyptus regnans

═══════

이 나무의 영어 통속명인 마운틴 애쉬(mountain ash)는 물푸레나무(ash)와는 전혀 다른 나무라는 점에서 오해의 소지가 있다. 또 다른 통속명인 습지 고무나무(swamp gum)나 섬유질 고무나무(stringy gum)는 이 나무가 *Eucalyptus*속이라는 점에서 훨씬 더 적절하다. 이 속은 일반적으로 고무나무로 알려진 도금양과의 상록성 교목 또는 관목을 포함하기 때문이다. *Eucalyptus*속은 규모도 크고 종류도 다양하다. 9,200만 헥타르가 넘는 숲에서 700종 이상의 유칼리나무가 호주의 자생 식물상을 형성하고 있다. 유칼립투스는 구분하기 가장 어려운 나무 중 하나로, 숙련된 분류학자의 경우를 제외하고는 모든 나무가 비슷하게 보인다. 서로 밀접한 관련이 있는 두 개의 속이 한때 *Eucalyptus*라는 이름으로 불렸는데, 1995년 논의 끝에 각각 다른 속으로 분리되었다. 그중 *Corymbia*속은 약 113개 종의 블러드우드(bloodwood), 고스트검(ghost gum), 스포티드검(spotted gum)으로 구성되며, *Angophora*속은 러스티검(rusty gum)으로 알려진 약 22개의 종을 포함한다. 하지만 이 모든 나무가 유칼립투스라는 사실에는 변함이 없다.

　　이 속을 1788년 처음으로 기술한 사람은 프랑스 식물학자이자 치안판사였던 레리티에 브루텔(Charles Louis L'Héritier de Brutelle)이다. 그는 최초로 발견된 유칼립투스(Messmate stringybark)에 '*Eucalyptus obliqua*'라는 이름을 붙여 주었다. 이 나무의 표본을 태즈메이니아 연안의 브루니 섬에서 채집한 사람은 원예가이자 식물학자인 데이비드 넬슨(David Nelson)이다. 그는 1777년 제임스 쿡 선장의 세 번째 항해에 참여했으며 유칼립투스 표본을 당시 레리티에가 일하고 있던 큐 왕립식물원으로 보냈다. 레리티에가 붙인 속명 *Eucalyptus*는 두 개의 그리스어 '진짜'를 의미하는 '*eu*'와 '가려진'을 의미하는 '*calyptos*'의 합성어에서 딴 것으로, 꽃이 피기 전에 꽃을 덮고 있는 뚜껑을 묘사한 것이다.

호주 남동부의 태즈메이니아와 빅토리아가 원산지인 유칼립투스. 마운틴 애쉬는 지상에서 미국삼나무 다음으로 키가 크지만, 활엽수 중에서는 가장 키가 크다.

마운틴 애쉬(*Eucalyptus regnans*)는 원산지인 호주 남동부의 태즈메이니아와 빅토리아에서 높이 70~114m로 자라는 세계에서 가장 키가 큰 활엽수이다. 나무의 높고 곧은 줄기는, 거칠고 섬유질이 많은 밑동과 버팀뿌리를 제외하고, 매끄러운 회색 껍질로 덮여 있다. 광택이 나는 초록색 잎은 나무가 성장하면서 모양이 변하여, 성목이 되면 창 모양으로 잎이 더 길어진다. 흰색 꽃은 늦은 봄이 되어야 핀다.

1871년 빅토리아의 와츠강 지역에서 발견된 퍼거슨 나무(Ferguson Tree)는 높이 132.6m로 가장 키가 큰 나무라는 주장이 제기되었지만, 나무가 쓰러진 후에 고위 산림공무원이 줄자를 이용해 지상에서 줄기를 측정했기 때문에 신빙성이 없는 것으로 본다. 오늘날 살아있는 표본 가운데 가장 키가 큰 것으로 추정되는 '백부장(Centurion)'은 2008년, 태즈메이니아 남부 숲에서 발견되었다. 나무의 키를 그해 1월에 측정한 결과 99.82m였다. 미국삼나무(*Sequoia sempervirens*, 216페이지)에 이어 세계에서 두 번째로 큰 나무인 셈이다. 빅토리아시대의 식물학자 페르디난트 야콥 하인리히 폰 뮐러(Ferdinand Jacob Heinrich von Mueller) 남작은 1871년 마운틴 애쉬에 대해 '가장 높이 솟아 있는 나무 … 어마어마하게 크다'고 이야기했다. 그는 나무의 키와 우위(優位)를 나타내고자 라틴어로 '지배'를 뜻하는 '*regnans*'를 종명으로 붙였다.

마운틴 애쉬는 다우림에 있는 단순림(한 가지 수종으로 구성된 삼림)에서 자라며, 다른 유칼리나무와는 달리 목질성 괴경(lignotuber)을 가지고 있지 않다. 목질성 괴경은 화재로 손상된 후에도 발아가 가능한 밑동의 알뿌리를 말한다. 따라서 마운틴 애쉬는 이 방식으로 재생할 수 없고, 뜨거운 열기 때문에 목질성의 삭과(gumnut)에서 빠져나온 씨앗을 통해서만 번식이 가능하다. 그 결과 헥타르당 최대 250만 개의 묘목이 자랄 수 있고 산불이 남긴 재는 천연 비료가될 수 있다. 마운틴 애쉬라는 통속명이 붙게 된 이유는 나무의 목재가 진짜 애쉬(물푸레나무)와 매우 흡사하기 때문이다. 마운틴 애쉬 목재는 노란색에서 연갈색을 띠고, 줄기가 길고 곧고 매끈하며, 나뭇결이 곧고 내구성이 뛰어나다. 초기 이주민들이 이 나무에 붙인 다른 속명 중에 '태즈메이니아 참나무'가 있다. 목재의 강도가 영국참나무(*Quercus robur*, 36페이지)에 비견될 만하다고 생각했던 것이다. 마운틴 애쉬는 건축가, 건설업자, 가구 제조업자들이 높이 평가하는 나무로, 판넬, 바닥, 베니어판, 합판, 일반 건축에 사용하기 위해 벌목된다.

원산지를 벗어나 관상용 나무로 재배될 경우, 마운틴 애쉬는 내한성이 뛰어난 식물이 아니다. 따뜻한 온대 기후에서 자라야 생존할 수 있고 최대치로 자랄 수 있다. 유칼리나무는 원예가들과 정원 설계사들 사이에서 악명이 높다. 성장 속도가 빠르고 불안정한 근계(根系)를 가진 건조한 나무여서 성목에 가까워지면 바람에 잘 쓰러지기 때문이다. 게다가 푸른빛이 도는 독특한 잎

과 특이하고 매력적인 나무껍질 때문에 북반구의 나무 풍경과 조화를 이루기가 어렵다. 19세기 중반 이후로 가장 많이 심어진 유칼리나무는 사이더검 (cider gum, *E. gunnii*)과 스노우검(snow gum, *E. pauciflora subsp. niphophila*)이다. 하지만 기후변화와 함께 기온이 상승할 것으로 예측되는 만큼 더 많은 종의 유칼리나무를 위한 자리가 정원에 생길지도 모른다.

오른쪽 '*Eucalyptus*' 속을 1788년 처음으로 기술한 사람은 찰스 루이 레리티에 드 브루텔이며, 이 속은 현재 700개 이상의 종을 포함하고 있다. 나무의 생김새는 모두 비슷하며, 성목은 대개 창 모양의 길고 광택이 나는 상록성 잎을 가지고 있다.

맞은편 유칼리나무 오일은 증기 증류를 통해 유칼리나무 잎에서 추출된다. 공업 용제, 소독제, 데오도란트로 사용할 수 있으며, 캔디류, 기침 완화용 사탕류, 치약, 코 막힘 완화제의 첨가물로도 사용할 때는 소량 첨가한다.

알레르세
Alerce

Fitzroya cupressoides

━━━━━━━

칠레의 발디비아 다우림과 아르헨티나에서 자라는 희귀하고, 성장이 느리며, 장수하는 침엽수이자 남아메리카에서 가장 부피가 큰 종, 알레르세(*Fitzroya cupressoides*)는 높이가 60m까지도 이르며 몸통 직경은 최대 5m까지 자란다. 자연 상태에서는 외줄기를 가진 위엄 있는 표본으로 자라며, 비대칭 피라미드 형태의 빽빽한 임관을 가지고 있다. 나무는 대개 해발 1,000~1,500m 사이의 비가 많이 내리는 숲속에서 남방너도밤나무(southern beech, *Nothofagus*)와 또 하나의 희귀한 침엽수, 과이테카스 삼나무(Guaitecas cypress, *Pilgerodendron uviferum*)와 섞여 자란다. 그로 인해 사이프러스로 오인되는 경우가 많다.

알레르세는 *Fitzroya*속의 유일한 종으로, 속명은 찰스 다윈이 로버트 피츠로이(Robert FitzRoy)를 기리는 의미에서 붙인 것이다. 피츠로이는 다윈이 탐사를 위해 승선했던 비글 호의 함장으로 이들의 항해는 갈라파고스, 티에라델푸에고, 남아메리카 등지를 돌며 5년간 계속되었다. 다윈은 이 항해에서 직경 12.6m의 알레르세 표본을 발견한 것으로 알려져 있다. 나무의 통속명으로 파타고니아 삼나무(Patagonian cypress)가 있지만, 원산지에서는 낙엽송을 뜻하는 스페인어, 알레르세(Alerce)로 더 많이 불린다. 통속명과 관련하여 흔히 그러듯, 낙엽송은 낙엽 침엽수인데 반해, 알레르세는 나선형으로 배열된 바늘처럼 생긴 잎을 가진 상록 침엽수여서 혼동을 야기한다. 오늘날 알레르세가 자라고 있는 많은 국립공원이 알레르세를 공원 이름에 넣고 있다. 예를 들면, 발디비아 근처, 로스리오스 지역에 있는 알레르세 코스테로 국립공원(Alerce Costero National Park)과 칠레 로스라고스 지역에 있는 알레르세 안디노 국립공원(Alerce Andino National Park)이 있다.

알레르세가 오랫동안 좋은 평가를 받은 것은 목재 때문이다. 알레르세는 건축을 비롯하여 배의 돛과 가구를 만드는 데 사용되었으나, 16세기에 스페인 사람들이 칠레에 도착한 후 벌목량이 엄청나게 증가하면서 이제는 멸종

나무의 유명한 통속명인 '알레르세'는 낙엽송을 뜻하는 스페인어로, 낙엽송은 낙엽성이지만 '*Fitzroya*'는 나무에서 우아하게 흔들리는 바늘처럼 생긴 짧은 잎을 가진 상록성이라는 점에서 혼동을 야기한다.

세계의 불가사의

무분별한 벌목으로 인해 이 장대한 침엽수는 이제 칠레의 발디비아 다우림과 아르헨티나의 자연 서식지에서 찾아보기 힘들게 되었다. 알레르세는 높이 60m에 이르는 남아메리카에서 가장 커다란 수종이다.

위기에 처해 있다. 칠로에 제도는 한때 알레르세를 흔하게 볼 수 있는 밀림으로 뒤덮여 있었으나 이세는 나무가 죽어 있거나 눈에 띄지 않는다. 고의로 낸 불과 인공 배수시설이 초래한 가뭄의 결과다. 식민지 시대 칠로에에서는 많은 나무가 벌목되어 칠로타 양식의 전통 건물 지붕널로 사용되었다. 이 매력적인 지붕널은 부패와 해충에 강하며 페루와의 무역에서 주요 교역 수단으로 쓰였다. 알레르세 목재는 한때 현물 화폐(*Real de Alerce*, 레알 데 알레르세)로 사용되기도 했다.

알레르세는 이제 자연 서식지에서 보기 힘들다. 무엇보다 19~20세기에 행해진 무분별한 벌목 때문이다. 하지만 희망이 없는 것은 아니다. 이 아름다운 나무를 보전하고 멸종 위기로부터 지켜내기 위해 칠레의 국립공원과 각국의 식물원, 수목원 등에서 활발한 보존 작업이 이루어지고 있기 때문이다. 1973년, 알레르세는 CITES의 보호 아래 국제 거래가 금지되었다. 1976년에는 칠레의 국가 기념물로 지정되었고, 살아있는 나무를 베는 것은 불법이 되었다. 물론 벌목이 완전히 사라진 것은 아니다.

살아있는 표본 중에 가장 부피가 큰 것으로 알려진 그란 아부엘로(Gran Abuelo) 또는 알레르세 밀레나리오(Alerce Milenario)는 1993년 발견 당시 알레르세 코스테로 국립공원에서 자라고 있었고, 나이는 3,644살 가까이 된 것으로 추정된다. 일부 살아있는 나무의 나이가 실제로는 더 많을 수도 있지만, 몸통이 비어 있어서 나이테를 셀 수는 없다. 따라서 알레르세는 캘리포니아 화이트산맥의 브리슬콘소나무를 이어 현존하는 수종(樹種) 가운데 두 번째로 나이 많은 나무로 기록되었다.

알레르세는 윌리엄 롭(William Lobb)에 의해 1849년 재배를 목적으로 영국에 수입되었으며 현재 유럽에서 관상용으로 재배되고 있다. 콘월 출신인 윌리엄 롭은 잉글랜드 남서부, 엑서터에 있는 바이치 묘목장의 식물 채집가였다. 알레르세는 악천후의 영향을 받지 않고, 물기는 많지만 배수가 잘 되는 비옥한 토양과 같은 완벽한 환경에서 자라면 늘어지는 습성의 아름다운 청록색 가지를 가진, 줄기가 여러 개인 작은 관목성 나무로 자란다. 하지만 정원에서 제아무리 매력적일지라도, 이런 표본들은 칠레의 자연환경에서 자라는 장대한 나무들의 크기와 높이에는 결코 견주지 못한다.

세계의 불가사의

브리슬콘소나무
Bristlecone pine

Pinus longaeva

═══════

브리슬콘소나무의 긴 원통 모양 솔방울이 여물어 연갈색을 띠기까지는 16개월 정도 걸린다. 아린마다 뻣뻣한 털처럼 생긴 가시를 가지고 있으며 아린이 열리면 씨가 밖으로 나온다. 씨는 대개 바람을 타고 퍼지지만 북미 잣까마귀로 불리는 새에 의해 전파되기도 한다.

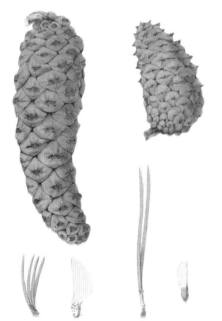

므두셀라는 셋의 후예이자, 에녹의 아들, 라멕의 아버지, 노아의 할아버지로 성서에 의하면 969살까지 살았다고 한다. 가장 나이 많은 족장이자 가장 오래 산 사람이었다. 따라서 세계에서 가장 나이가 많은 것으로 알려진 유성번식하는 브리슬콘소나무의 표본에 므두셀라라는 이름을 지어준 것은 꽤 적절해 보인다. 2018년 이 나무의 나이는 4,849살이 된 것으로 추정되었다. 그렇다면 나무가 씨앗에서 발아한 시기는 대략 기원전 2831년, 이집트에 피라미드가 세워지기도 전이었을 것이다. 나무의 정확한 위치는 비밀로 유지되고 있는데, 너무 많은 관광객으로 인해 뿌리 주변의 토양이 굳는 것을 방지하고, 살아있는 나무의 일부를 가져가려고 나무를 훼손하는 것을 방지하기 위해서다. 브리슬콘소나무는 캘리포니아 화이트 산맥 해발 2,900~3,000m에 있는 인요 국유림 므두셀라 그로브(Methuselah Grove of Inyo National Forest) 어딘가에서 자란다.

브리슬콘소나무(*Pinus longaeva*)는—통속명은 암솔방울의 가시에서 유래한 것이다— 대개 높이 16~18m의 그리 크지 않은 나무다. 두꺼운 나무껍질은 비늘 모양 조각으로 덮여 있으며, 심하게 뒤틀린 줄기와 가지는 아무것도 없이 민둥한 경우가 많다. 나이테 조사를 통해 나무의 엄청난 나이를 처음으로 알아낸 사람은 과학자 에드워드 슐만(Edward Schulman)이었다. 슐만의 멘토이자 애리조나 로웰 천문대의 천문학자인 A. E. 더글러스(A. E. Douglass)가 정립한 연륜연대학(dendrochronology)은 나무의 나이테를 이용하여 연대를 결정하는 학문으로 기후변화의 시기를 측정하는 데 사용할 수 있고 따라서 환경변화에 대한 기록도 될 수 있다.

슐만은 1953년 화이트 산맥에서 현장 조사를 하던 중 해

세계의 불가사의

발 3,353m 이상의 수목한계선 바로 아래에서 가장 부피가 큰 브리슬콘소나무를 발견했다. 12.5m밖에 안 되는 키에 여러 개의 줄기가 하나로 합쳐져 세로로 홈이 난 몸통의 총 둘레는 11m였다. 지역 순찰대원이 이 나무를 '족장나무'로 불러 나무가 자라고 있는 숲도 '족장 그로브'가 되었다. 나무 주변의 척박한 풍경 속에 자라고 있는 식물이라고는 뒤틀린 형태의 다른 '브리슬콘소나무와 림버소나무(limber pine, *Pinus flexilis*), 시에라향나무(Sierra juniper)뿐이어서 그로브의 모습은 마치 달 표면을 연상시킨다. 겨울은 너무 춥고 여름은 더운 데다, 바람이 강하게 불고 강우량도 거의 없는 백운석회암 토양인 이곳에서 자랄 수 있는 식물은 거의 없다. 가장 강인한 식물들만이 살아남을 수 있을 정도로 척박한 환경이다. 그러나 브리슬콘소나무는 살아남았다. 그것도 아주 오랫동안 말이다.

슐만이 족장 나무를 발견하고 4년이 지난 후, 추가로 진행된 현장 조사와 보링 머신을 이용해 그 지역의 살아있는 다른 나무들에서 채취한 시료를 통해, 슐만과 그의 조수인 모리스 E. 쿨리(Maurice E. Cooley)는 4,000살이 넘은 나무를 최초로 발견하였다. 슐만과 쿨리가 알파소나무(Pine Alpha)라는 이름을 붙여 준 이 나무는 그로브에서 자라는 17개의 소나무 중 하나로, 이곳의 소나무는 '므두셀라'를 포함하여 모두 4,000살이 넘는 것으로 추정된다. 사실, 슐만은 시료를 채취했을 뿐 브리슬콘소나무를 연구한 적은 없기 때문에 나무의 나이는 5,000살이 넘을 수도 있다. 안타깝게도 슐만은 1958년, 49세의 나이에 심장마비로 갑작스럽게 사망했다. 슐만이 자신의 놀라운 발견에 대해 쓴 글은 그의 사후에 내셔널지오그래픽 잡지를 통해 발표되었다.

많은 이들이 궁금해하는 것이 있다. 그 정도로 척박한 환경에서 이 나무들은 어떻게 그리 오래 살아남았는가 하는 것이다. 여기에 대해서는 의견이 분분하다. 그중 하나는 혹독한 조건 때문에 나무들이 서로 멀리 떨어져 자라서 화재가 번질 위험이 없고, 다른 종과 경쟁할 필요도 없다는 것이다. 또한 생장 기간이 짧아 나무의 밀도가 높고 내구성이 뛰어나며 수지를 함유하고 있어 병충해에 강하다. 설사 하나의 개체가 벼락을 맞아 훼손되더라도 슐만이 '생명선'이라고 부른 살아있는 껍질 부분이 나무를 살아남게 한다.

브리슬콘소나무와 밀접한 연관성을 가진 두 개의 종이 있다. 콜로라도, 뉴멕시코, 애리조나에서 자라고 있는 로키산맥 브리슬콘소나무(*P. aristata*)와 캘리포니아 고유종인 여우꼬리소나무(*P. balfouriana*)다. 둘 다 장수하는 종이지만 그레이트분지(Great Basin) 브리슬콘소나무의 나이에는 미치지 못한다. 불행하게도 브리슬콘소나무는 현재 기후변화와 기온상승, 진균성 질병의 유입, 소나무좀의 침입 등 불확실한 미래를 마주하고 있다. 그래도 이들은 진정한 생존자다.

촛대뱅크시아나무
Candlestick banksia

Banksia attenuata

1770년 4월 29일은 유럽인들이 처음으로 호주 대륙에 발을 디딘 날이다. 제임스 쿡이 이끄는 이들 중에는 화가인 시드니 파킨슨(Sydney Parkinson)과 지칠 줄 모르는 두 명의 박물학자, 조셉 뱅크스(Joseph Banks)와 다니엘 솔랜더(Daniel Solander)가 있었다. 이들은 지체없이 이 신대륙의 놀라운 식물상을 채집하고 기록하기 시작했다. 그들이 인데버 호에 실으려고 가져온 표본의 양이 엄청났기 때문에 쿡은 그들의 첫 상륙 장소를 보터니 베이(Botany Bay)로 명명했다.

인데버 호가 영국으로 금의환향한 후 채집해 온 모든 표본에 관해 기술하고 학명을 붙이는 임무가 시작되었다. 새로운 식물 속 가운데 하나에는 뱅크스에 대한 경의의 표시로 '뱅크시아(Banksia)'라는 이름이 붙었다. 뱅크스는 그 항해에서 총 다섯 종류의 *Banksia*를 채집했으나 오늘날 이 특이한 식물에는 약 170개의 종이 있는 것으로 알려졌다. 그 크기도 작은 관목에서부터 30m 높이의 교목에 이르기까지 다양하다. 호주의 건조한 관목지대와 숲의 특징을 고스란히 보여주는 *Banksia*는 원산지 생태계에서 꼭 필요한 구성원이다. 뱅크시아 꽃에서 나오는 꿀은 많은 곤충, 조류, 무척추동물, 포유류의 귀중한 식량원으로, 이는 뱅크시아 나무에 수분 매개체가 부족할 일은 없다는 것을 의미한다.

촛대뱅크시아나무 또는 길쭉한뱅크시아나무로 알려진 이 나무는 서호주의 남서부가 원산지이다. 이곳은 이름의 유래가 된 뱅크스가 처음 이 식물을 보았던 장소로부터 대륙의 반대편에 있다. 이 종이 발견된 것은 그로부터 30년 후, 유명한 스코틀랜드 식물학자 로버트 브라운(Robert Brown)에 의해서였다. 브라운은 1801년에서 1805년까지 매튜 플린더스 선장(Captain Matthew Flinders)과 (조셉 뱅크스의 권유로) 호주를 탐험했다. 큐(Kew) 정원사인 피터 굿(Peter Good)과 유명한 식물화가 페르디난드 바우어(Ferdinand Bauer)도 함께였

촛대뱅크시아나무는 꿀이 풍부한 꽃들로 길쭉한 수상꽃차례를 이루며 다양한 종류의 굶주린 수분 매개체를 끌어들인다. 꽃은 나중에 기이하게 생긴 목질의 꼬투리가 된다.

다. 브라운은 약 1,200종의 호주 식물에 대해 설명하고 이름을 붙여 주었으며, 호주 식물에 관한 그의 연구는 대단히 중요한 것으로 입증되었다.

촛대뱅크시아나무는 이 대규모 속의 아름다운 대표주자다. 10m 정도의 높이로 자라는 이 종은 주홍빛이 도는 회색의 두꺼운 껍질로 덮인 구불구불한 몸통이 특징이다. 회녹색의 예쁜 잎은 길쭉하고 가장자리가 톱니 모양이며 끝으로 갈수록 좁아지고(그래서 종소명이 좁은 것을 의미하는 아테누아타이다) 아랫면은 연한 회색이다. 그러나 이 종이 유명한 것은 꽃 때문이다. 봄이 되면 생생한 노란색의 길고 곧은 꽃차례가 잎 위로 모습을 드러내는데, 예전 크리스마스트리 위에 장식하던 촛대처럼 나무 위에 세워져 있는 모양이다. 보는 이의 눈길을 사로잡는 이 꽃차례는 최대 길이 30cm까지 자라며 아래에서부터 위로 차례로 꽃을 피운다. 그리고 꿀주머니쥐에서 꿀빨이새, 벌, 개미에 이르기까지 다양한 종류의 굶주린 수분 매개체에 단계적으로 먹이를 제공한다. 현지 원주민에게 이 나무는 피아라 또는 비아라(*piara* 또는 *biara*)로 불린다. 원주민들은 이 나무의 꽃으로 시원한 음료를 만들어 마시기도 하고 기침과 감기 치료에 사용하기도 한다.

호주 서부에서 촛대뱅크시아나무는 가장 널리 분포된 뱅크시아로 비가 거의 내리지 않는(반건조 지역) 광활한 유칼리나무 숲의 핵심 구성원이다. 촛대뱅크시아나무는 최대 300살까지 살 수 있는 것으로 추정되며 이러한 서식지에 있는 다른 많은 종과 마찬가지로 화재로부터의 회복력이 뛰어나다. 나무는 줄기에 나 있는 특별한 휴면 눈과 땅속에 있는 목질성 괴경에서 다시 싹을 틔우는 방식으로 산불에서 살아남을 수 있을 뿐 아니라, 기이하게 생긴 목질의 꼬투리도 화재로부터 생존할 수 있도록 진화하였다. 이 꼬투리 또는 솔방울은 수분 된 꽃차례가 발달한 것으로 골돌과(follicle)라는, 돌출한 입처럼 생긴 구멍을 가지고 있는데, 골돌과는 열과 연기에 노출될 때까지는 굳게 닫혀 있다. 진화상으로 체득한 이 비결이 의미하는 것은, 성장을 촉진할 비를 기다릴 수 있고, 재가 풍부한 묘상(苗床)이 제공되는 환경에서만 씨앗이 방출된다는 것이다. 코카투 앵무새가 이 꼬투리를 실어나르며 종자의 확산을 돕는 것으로 알려져 있다.

촛대뱅크시아나무가 발견되는 지역은 생물다양성의 열점(hotspot)으로 알려져 있다. 이 지역은 지중해와 비슷한 기후를 가졌지만, 점점 더 건조해지고 더워지고 있으며, 산불은 더욱 치명적이고 예측 불가능해지고 있다. 연구에 의하면 촛대뱅크시아나무는 1,900만 년이나 되는 진화의 역사를 가지고 있어서, 과거에도 기후변화와 환경변화에 적응했을 것이 틀림없다. 따라서 이 상징적인 종이 미래의 변화에도 버텨줄 것으로 기대하는 바이다.

비둘기나무
The handkerchief tree

Davidia involucrata

19세기 말에서 20세기 초 사이에 발견된 식물 가운데 가장 흥미로운 것 중 하나인 비둘기나무(*Davidia involucrata*)는 어느 정원을 배경으로 해도 매력적이고 보기 좋은 나무다. 그러니 원산지인 중국의 풍요로운 온대림에서 나무가 자라는 것을 본 최초의 서구인들이 느꼈을 흥분은 어떠했겠는가. 1869년 이 특권을 누린 사람은 프랑스 빈센시오회 선교사이자 열정적인 박물학자였던 아르망 다비드 신부(Father Armand David[Père David])였다. 그는 이 식물을 말린 첫 번째 시료를 파리로 보냈다. 1871년 나무는 새로운 종으로 공표되었고, 신부의 이름을 딴 학명을 갖게 되었다.

다음 과제는 종자를 포함하여 살아있는 식물의 시료를 손에 넣는 것이었다. 그래야 이 탐나는 나무를 들여와 재배할 수 있으니 말이다. 1899년, 20세기 초 가장 능력 있는 식물 채집가로 손꼽히던 어니스트 윌슨에게 어거스틴 헨리(Augustine Henry)를 찾아가라는 임무가 주어졌다. 어거스틴 헨리는 당시 수석 의료관이자 세관원으로 상하이에 머물고 있었다. 헨리는 중국 의학에서 사용하는 식물에 관한 정보를 얻기 위해 후베이 성의 이창시로 떠났다가, 비둘기나무를 포함하여 연구와 전시용으로 15,000개 이상의 말린 식물 표본을 큐 왕립식물원으로 보내왔다. 그가 큐 왕립식물원 원장인 윌리엄 시슬턴다이어 경(Sir William Thiselton Dyer)과 묘목회사 제임스 바이치 & 선스의 해리 바이치 경(Sir Harry Veitch)에게 자신이 발견한 우아한 나무의 시료를 채집할 수 있도록 중국으로 사람을 보내달라고 부탁했던 것이다.

윌슨이 이 일의 적임자로 선택된 이유는 외국에 가 본 적도 없고 중국어도 못했지만, 원예식물에 높은 안목을 가진 젊고 전도유망한 원예가였기 때문이다. 윌슨은 중국에 도착하자마자 어거스틴 헨리를 찾아야 했다. 헨리가 그려준 맥주잔 받침 크기의 조그만 지도에 비둘기나무의 정확한 위치가 그려져 있었다. 헨리가 큐로 보낸 말린 시료도 이 나무에서 나온 것이었다. 월슨은 손바닥만 한 지도에 굴하지 않고 양쯔강 이창의 협곡으로 길고 위험한 여행을 떠났다. 1899년 가을, 마침내 지도에 표시된 장소에 도착했지만, 윌슨을 기다린 건 나무의 그루터기뿐이었다. 집을 짓기 위한 용도로 나무가 다 잘려버린 것이다. 윌슨이 느낀 실망감은 시슬턴 다이어 경에게 보낸 편지에서 여과 없이 드러났다. 하지만 그는 그곳에 계속 머물렀고, 이듬해인 1900년 봄, 수많은 비둘기나무가 주변의 산을 아름답게 빛내고 있는 광경을 볼 수 있었다. 그해 11월 윌슨은 다량의 종자를 채집하여 바이치 묘목장에 파종용으로 보냈다.

윌슨은 비둘기나무가 정원의 귀족이며, '북반구의 온대 지역에서 자라는 모든 나무 가운데 가장 흥미롭고 아름답다'고 썼다. 덧붙여 '꽃과 꽃을 둘러싼 포엽이 (…) 나무들 사이에 떠 있는 커다란 나비 내지는 작은 비둘기를 연상시킨다'고도 했다. 꽃을 감싸고 있는 아름답고 화려한 하얀색 포엽이 늦은 봄, 약간의 미풍에도 살랑거리는 모습을 본 사람이라면 윌슨의 말에 바로 공감할 것이다. 그리고 그런 모습에서 현재 사용되고 있는 두 개의 통속명이 생겨났다. '손수건나무' 또는 '비둘기나무'다. *Davidia*의 유일한 종이자 낙엽수인 비둘기나무는 최대 20m 높이로 자라며 얇게 떨어져나오는 나무껍질과

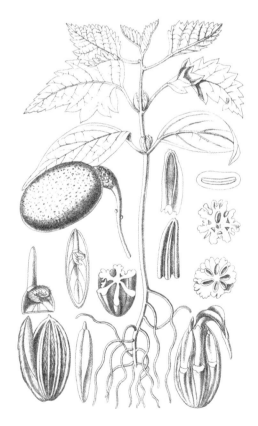

오늘날 우리가 사용하는 이름.
손수건나무와 비둘기나무가
이 나무의 통속명이 된 이유는
쉽게 추측할 수 있다. 작은 꽃을
감싸고 있는 한 쌍의 크고 하얀
포엽이 미풍에도 살랑거리는
모습 때문이다.

하트 모양의 선명한 초록색 잎을 가지고 있다. 붉은색의 작고 둥근 두상화는
6~10개의 씨가 든 암녹색 견과로 발달한다.

　그런데 종자에 처음으로 싹을 틔우는 데 성공하여 이 나무를 우리의 정
원에 들일 수 있게 한 사람은 누구일까? 그 내막은 이렇다. 윌슨이 채집하여
보낸 최초의 종자들은 발아에 실패하는 바람에 퇴비 더미에 버려졌다. 그러
나 1년이 지나자, 퇴비 더미가 비둘기나무 묘목으로 뒤덮였다. 딱딱한 벽으
로 싸인 씨가 발아하는 데 2년 이상 걸렸기 때문이다. 그리고 1911년 최초의
꽃이 피어났다. 그런데 윌슨은 페레 파르제(Père Farges)라는 프랑스인 역시
1897년에 비둘기나무 종자를 채집하는 데 성공하였고, 파르제가 모리스 드
빌모랭(Maurice de Vilmorin)이라는 사람을 통해 프랑스에 있는 자신의 수목원
으로 종자를 보냈다는 사실을 모르고 있었다. 그리고 그중 하나의 씨가 발아
하여 1906년 꽃을 피웠다. 따라서 유럽에서 비둘기나무 꽃을 최초로 피운 것
은 윌슨이 아니다. 하지만 이 찬란한 나무를 확산시킨 역할을 한 사람은 윌슨
이 맞다. 초기의 식물 채집가들이 목숨을 걸고 보물과도 같은 식물을 발견하
고 채집하지 않았다면 오늘날 우리의 정원은 훨씬 볼품없었을 것이다.

코코드메르

Coco de mer

Lodoicea maldivica

세이셸 군도의 작은 섬, 프랄린과 큐리어스에서만 자라는 특이한 코코드메르 야자는 이 두 섬의 제한된 야생에서만 볼 수 있다. 나무는 25~50m의 높이로 자라며 주름 잡힌 커다란 부채 모양의 잎도 최대 10m까지 자란다. 최고 기록을 가진 이 나무의 열매는 무게가 40킬로그램까지 나가고 직경은 50cm 정도이며, 가장 크고 무거운 씨앗을 담고 있다.

사람들의 호기심을 발동시키는 이 열매는 한때 신화와 전설의 대상이었다. 뱃사람들은 이 열매가 인도양 해저에서 자란다고 믿었다. 그리고 폭풍우 치는 밤이면 수나무가 스스로 뿌리를 들어올리고 암나무를 찾아가 껴안고서 커다란 꽃을 수분한다고 생각했다. 그뿐 아니라 그 장면을 목격한 사람들은 불행히도 눈이 멀거나 심지어 죽는다고 믿었다. 코코드메르는 프랑스어로 '바다 코코넛'을 의미하는데, 이 이름은 아마도 커다란 씨앗이 해변가에 밀려왔거나 파도에 떠 있는 것을 본 사람들이 지었을 것이다. 비록 열매가 물보다 무겁고 씨앗이 완전히 말라 속이 비어야만 물에 뜰 수 있지만 말이다. '쌍둥이 코코넛'으로 알려진 이 열매의 희소성과 무언가를 연상시키는 둥그런 모양 때문에 코코드메르의 씨앗은 한때 큰 인기를 끌었고 값진 수집 품목이었다. 왕족과 귀족들은 이 씨앗을 호기심의 캐비닛(cabinets of curiosities)에 고이 모셔두었고, 공들여 금으로 치장하기도 했다. 현재 코코드메르 씨앗은 거래를 엄격히 규제하고 있으며 허가를 받아야만 구입할 수 있다. 물론 불법 채집이라는 문제가 남아 있기는 하다.

코코드메르에 대한 연구가 폭넓게 이루어졌음에도 불구하고, 이 나무는 여전히 불가사의와 비밀을 간직하고 있다. 열매와 씨앗의 크기가 매우 큰 이유는 이 야자수가 처한 지리적 고립의 결과이다. 이를 섬 거대화(island gigantism)라고 한다. 보통의 부모 식물은 바람이나 동물을 매개로 종자를 아주 멀리까지 확산시키는 전략을 쓴다. 그래야 자식 나무가 빛과 영양분을 두

코코드메르 열매에는 세계에서 가장 무거운 씨앗이 들어 있다. 이 씨앗은 한때 인기 많은 수집 품목이었다. 1750년대에는 씨앗 하나의 가격이 400파운드에서부터 거의 70,000파운드까지 했다고 한다.

세계의 불가사의

코코드메르

LODOÏCEA SECHELLARUM *Labill.*

Des deux pieds représentés sur le premier plan, celui de gauche est
un pied femelle, et celui de droite un pied mâle.

Off. lith. & pub. in Horto Van. Houtteano.

고 직접적인 경쟁을 하지 않아도 되기 때문이다. 하지만 코코드메르의 씨앗은 너무 무겁기 때문에 바로 근처에 떨어져 부모의 그늘에서 자라게 된다. 사실 이 섬의 토양은 멀리 떨어진 다른 곳의 토양보다 영양분이 더 많다. 성목의 부채모양 잎이 물과 영양분을 밑동이 있는 토양으로 내려보내는 데 효율적이기 때문이다. 그 결과 코코드메르 임분이 만들어지며, 코코드메르가 자라는 숲에서는 대개 이 나무가 우점종이 된다.

수나무의 1.5m 길이 수꽃차례에서 나온 꽃가루가 암나무의 꽃(야자수 중에 가장 커다란 암꽃차례인)으로 정확히 어떻게 이동하는지는 여전히 불가사의하다. 이와 관련해서는 벌이 매개체라고 믿는 사람도 있고, 도마뱀이 관련되어 있다고 생각하는 사람도 있다. 씨앗은 여물어서 땅으로 떨어지기까지 6~7년이 걸리고, 그 후로도 더 많은 시간이 지나야 떡잎이 나온다. 약 4m 길이로 떡잎 가운데 가장 긴 것으로 알려진 밧줄같이 생긴 이 떡잎은 영양분이 가득한 씨앗의 양분으로 자라며, 새로운 식물이 최적의 장소에 뿌리를 내릴 수 있도록 돕는다.

코코드메르는 현재 수확, 화재, 해충의 유입, 인간에 의한 벌목 등으로 위기에 처한 상태다. 자생지 두 곳 근처의 몇몇 섬에 심었다고는 하지만, 총 개체수는 8,000그루 정도에 지나지 않아, 이 경이로운 식물은 현재 멸종 위기종이 되었다.

메타세쿼이아
Dawn redwood

Metasequoia glyptostroboides

═══════

이 나무에 대해 처음 드는 생각은 상당히 발음하기 어려운 학명을 가졌다는 것이다. 그러나 나무의 발견과 명명 이면에는 흥미로운 이야기가 있으니, 고대 화석과 좀 더 최근의 정치적 사건이 얽혀 있다. 메타세쿼이아(*Metasequoia*)는 '세쿼이아와 비슷하거나 밀접'하다는 의미이다. 또 '*glyptostroboides*'는 비슷하게 생긴 낙엽수인 중국 수송나무(水松, *Glyptostrobus pensilis*)에서 이름을 딴 것이다. 그리고 이야기는 지금부터 시작된다.

흔히 '새벽삼나무'로 알려진 메타세쿼이아나무는 중국 서부의 후베이 성이 원산지인 낙엽 침엽수다. 나무는 1941년 일본인 고식물학자 시게루 미키(Shigeru Miki)에 의해 메타세쿼이아라는 이름으로 처음 기술되었으며, 살아있는 나무가 아니라 플라이오세 시기의 5백만 년 된 화석을 대상으로 한 것이었다. 플라이오세는 약 533만 년 전부터 258만 년 전까지의 지질시대를 말한다. 메타세쿼이아가 존재했다는 것이 확인된 당시, 나무의 멸종 시기는 대략 150만 년 전이며, 공룡이 지구를 배회하던 것과 같은 시기에 북반구 전역에서 자랐던 것으로 추정되었다. 그리고 이 이야기는 여기에서 더욱 복잡해진다.

같은 해인 1941년, 미키의 이 발견에 대해 모르고 있던 난징 국립중앙대학 임학과의 T. 칸(T. Kan)이라는 중국인 삼림전문가가 후베이 성에서 연구를 실시하던 중 정체불명의 커다란 나무를 발견하였다. 나무는 오늘날 모우다오(謀道)로 불리는, 당시에는 모다오시(磨刀溪)로 알려진 작은 마을 변두리에서 자라고 있었다. 나무는 400살이 넘은 것으로 추정되었고, 밑동에 작은 사당이 있는 것으로 보아 마을 사람들이 나이와 특성 때문에 이 나무를 신성시한다는 것이 분명했다. 나무는 수송을 의미하는 '수이샤(*shuisha*)'로 불렸다. 그러나 이 지역을 탐사하던 쩐(Zhan)이라는 중국 삼림 관리인이 조사와 확인을 위해 가지, 잎, 솔방울, 씨앗 시료를 처음으로 채집한 것은 그로부터 거의 3년이 지나서였다.

1941년 최초로 발견된 신성한 메타세쿼이아를 그린 그림. 이 나무는 중국 모다오시의 마을 변두리에서 자라고 있었으며 밑동에는 작은 사당이 있었다. 사당과 나무는 지금도 여전히 그 자리에 있긴 하지만, 보호를 위해 콘크리트 담장으로 둘러싸여 있다.

세계의 불가사의

메타세쿼이아

맞은편 메타세쿼이아의 깃털꼴의 연녹색 잎과 그 밖의 식물학적 특징은 미국삼나무와 상당히 비슷하다. 그래서 갖게 된 속명 메타세쿼이아는 '세쿼이아와 비슷하거나 밀접'하다는 의미이다.

아래 메타세쿼이아는 1941년 고식물학자, 시게루 미키에 의해 이 이름으로 처음 기술되었으며, 플라이오세 시기의 5백만 년 된 화석을 대상으로 한 것이었다.

제2차 세계대전으로 인해 추가 연구가 미뤄지면서 더 많은 시료가 수집되었다. 그리고 이 시료는 20세기 최고의 저명한 식물학자 중 한 명인 완춘쳉(Wan Chun Cheng) 교수에게 보내졌다. 그는 또 한 명의 중국인 식물학자이자 중국 현대 식물학의 선구자인 후시엔수(Hu Hsien Hsu) 교수와 이 의문의 나무에 대해 의논했다. 후시엔수 교수는 화석 식물학자인 시게루 미키의 연구와 1941년 T. 칸 교수가 최초로 발견한 나무에 대해 이미 알고 있었기 때문에 이 둘을 연관지었다. 마침내 1948년, 메타세쿼이아나무(*Metasequoia glyptostroboides*)의 존재가 확인되면서, 이전의 화석 기록에서 살아있는 나무로 인정되었다. 오늘날 후 교수는 이 발견에 대한 공로자로 인정받고 있다.

1947년, 보스턴의 하버드대학 아널드 수목원(Arnold Arboretum)이 모다오시에 있는 최초의 나무로부터 씨앗을 채집하기 위해 원정 자금을 지원했다. 당시 원장인 엘머 D. 메릴(Elmer D. Merrill)은 가져온 씨앗을 세계 각지의 수목원과 학술용 수목 컬렉션에 실험 재배용으로 배포하였다. 캘리포니아 대학교의 랄프 채니(Ralph Chaney) 교수는 나무가 자라는 중국 모다오시로 직접 탐방을 다녀왔다. 그는 영어 통속명인 새벽삼나무(dawn redwood)의 작명자로 알려져 있다.

이름은 발음하기 어렵고 과거사는 파란만장하지만, 메타세쿼이아는 균형 잡힌 피라미드 모양의 수관을 가진, 아름답고 성장 속도가 빠른 나무다. 줄기는 밑동에 굵은 세로 홈이 나 있고 자라면서 뒤틀린 모양이 되며, 주홍빛이 감도는 갈색의 나무껍질은 울퉁불퉁하다. 낙엽 침엽수인 메타세쿼이아의 깃털 같은 연녹색 잎은 가을철 낙엽이 지기 전에 선명한 황토색으로 변하면서 가장 완벽하고 인기 많은 관상용 나무가 된다. 현재 단 5,000그루 정도

만이 중국 중부의 몇몇 작은 골짜기에서 자생하고 있는 메타세쿼이아나무는 IUCN 레드 리스트의 멸종 위기종으로 지정되었다. 그럼에도 불구하고 메타세쿼이아는 미국, 영국, 일본, 칠레, 뉴질랜드 등 온대 기후에 속하는 국가들에서 심고 있는, 현재 전 세계적으로 가장 광범위하게 심어지는 수종 가운데 하나다. 이와 같이 나무를 심기 시작한 것은 1940년대 후반부터다. 모다오시에 있는 최초의, 그리고 아직 살아있는 메타세쿼이아 표본은 현재 콘크리트 담장으로 둘러싸여 있으며, 듬성듬성한 수관을 가지고 있다. 나무 주변의 땅이 굳어진 것이 아마 가장 큰 이유일 것이다. 1996년, 메타세쿼이아의 특징 그대로 굵은 세로 홈이 나고 넓게 퍼진 밑동의 위쪽을 측정한 결과 둘레는 7.1m, 높이는 34.65m였다.

1957년 칭시 리(Qingxi Li)라는 남자가 난징 삼림대학에서 얻은 메타세쿼이아 묘목 100그루를 자신의 집과 직장이 있는 장쑤성, 피저우에 심었다. 피저우의 수목 풍경을 아름답게 바꿔보고자 하는 바람에서였다. 나무는 잘 자랐고 그는 더 많은 나무를 번식시켰다. 1975년 그는 '피저우 메타세쿼이아 가로수길'을 조성하기 시작했다. 현재 47km에 걸쳐 백만 그루의 나무가 심어진 이 길은 1625년 35.41km에 걸쳐 조성된 일본의 니코 삼나무 가로수길을 제치고 세계에서 가장 긴 가로수길로 인정받고 있다.

미송
Douglas fir

Pseudotsuga menziesii

───

미국 북서부 태평양 연안에서 자라는 또 하나의 거대한 상록 침엽수인 미송 또는 더글러스전나무(*Pseudotsuga menziesii*)는 100m 이상의 높이로 자라기도 하여, 가장 키가 큰 나무라는 타이틀을 두고 미국삼나무(216페이지), 시트카가문비나무(54페이지)와 경쟁하고 있다. 북쪽으로 브리티시 컬럼비아에서 남쪽으로 캘리포니아에 이르기까지 미국 서부에 가장 널리 분포된 나무 가운데 하나이기도 하다. 로키산맥 또는 캘리포니아 남부에서 멕시코 중부까지 좀 더 내륙으로 들어오면 로키산전나무(*P. menziesii var. glauca*)로 불리는 뚜렷한 파란색 잎을 가진 좀 더 작은 변종과 보통의 미송보다 두 배 큰 솔방울을 가진 큰솔방울전나무(*P. macrocarpa*)가 자란다. '가짜 솔송'이라는 의미의 미송 속(*Pseudotsuga*)은 1867년 프랑스의 대표적인 식물학자 엘리 아벨 카리에르가 붙인 이름이다. 이 두 개의 북아메리카 종 외에 아시아가 원산지인 종이 두 개 더 있다. 중국과 대만이 원산지인 중국전나무(*P. sinensis*)와 일본이 원산지인 일본전나무(*P. japonica*)다. 탐험과 모험이 연상되는 이름을 가진 이 나무들 중에서, 18세기와 19세기에 살았던 두 명의 용맹한 탐험가 및 식물 채집가와 연관된 미송의 이야기가 가장 흥미진진할 것이다.

1791년 스코틀랜드의 박물학자 겸 의사인 아치볼드 멘지스는 '밴쿠버 탐험' 기간 동안 조지 밴쿠버 함장(Captain George Vancouver)이 이끄는 HMS 디스커버리 호에 승선해 있었으며, 밴쿠버 섬에서 이 나무를 발견하고 그에 관한 기록을 남겼다. 따라서 종소명 멘지에시이(*menziesii*)는 이 나무를 처음 발견한 유럽인을 기린 것이다. 같은 항해에서 멘지스는 남방소나무(232페이지)의 종자도 채집했다. 그러나 미송 종자가 데이비드 더글러스를 통해 영국에 처음 들어온 것은 그로부터 36년이 흐른 1827년이 되어서였다. 더글러스는 스코틀랜드 퍼셔 출신의 정원사이자 식물학자였다(그는 기이하게도 1834년 하와이의 한 구덩이 속에서 사나운 황소의 뿔에 찔려 죽었다.) 비록 진짜 전나무

미송은 밀림에서 자생하며, 아래쪽에 있는 가지들을 스스로 떨쳐내기 때문에 원뿔형 수관이 지상에서 수 미터 떨어진 곳에서부터 시작된다. 넓게 트인 서식지에서 자라는 나무들, 특히 나이 어린 표본들은 지상에서 훨씬 가까운 높이에서부터 가지가 있다.

매력적인 암솔방울의 어린 사이사이에는 세 갈래로 갈라진 포엽이 삐져나와 있으며 바늘같이 생긴 잎을 으깨면 레몬과 비슷한 향이 난다. 이러한 특징들이 미송을 구별하기 가장 쉬운 침엽수 중 하나로 만든다.

는 아니지만, 나무의 영어 통속명은 왕성하게 활동한 이 식물 채집가를 기리고 있다. 더글러스는 북아메리카로부터 200개가 넘는 새로운 종을 재배용으로 들여왔는데, 그중에는 시트카가문비나무(Picea sitchensis), 폰데로사소나무 (Ponderosa pine, Pinus ponderosa), 사탕소나무(sugar pine, Pinus lambertiana), 그랜드전나무(grand fir, Abies grandis), 귀족전나무(noble fir, Abies procera)가 있다.

미송은 구별하기 가장 쉬운 침엽수 중 하나다. 예컨대, 어두운색의 나무 껍질은 골이 깊이 패어 울퉁불퉁하며, 가지에 매달린 암솔방울의 아린 사이 사이에는 세 갈래로 갈라진 포엽이 삐져나와 있다. 또한 바늘같이 생긴 잎을 으깨면 레몬과 파인애플 향이 난다. 나무의 자연 서식지인 원시림은 붉은 나무들쥐(Arborimus longicaudus)에게 중요한 서식지로, 이 들쥐들은 더글러스전나무의 우아하게 늘어진 가지 높은 곳에 둥지를 틀고 나무의 잎을 먹고 산다. 그리고 이 들쥐는 다른 소형 포유류와 함께 멸종 위기에 있는 점박이 올빼미 (Strix occidentalis)의 먹이가 된다.

미송은 생태학적으로도 중요하지만, 경제적으로도 중요하다. 유난히 길고, 곧고, 민둥한 줄기 덕분에 세계적으로 가장 중요한 재목 가운데 하나가

세계의 불가사의

되었으며, 현재 조림 식물로 광범위하게 재배된다. 옹이 없이 매끈한 목재는 나뭇결을 따라 붉은색과 노란색이 가미된 연갈색이며, 단단하고 부패에 강하다. 용도가 매우 다양해서 건축 조립재, 외장재, 베니어판, 합판 등에 사용된다. 깃대로 사용하기에도 안성맞춤이다.

1959년 영국군 공병대 제23대대에 의해 큐 왕립식물원에 미송 장대로 만든 68.58m 높이의 깃대가 세워졌다. 장대의 출처는 나이 370살, 무게 37톤으로 추정되는 미송으로 밴쿠버 섬의 코퍼 캐년(Copper Canyon)에서 수확한 것이었으며, 브리티시 컬럼비아 주정부가 큐 왕립식물원의 200주년과 브리티시 컬럼비아주의 100주년을 기념하기 위해 선물로 보낸 것이었다. 안타깝게도 50년이 지나자 깃대는 날씨와 딱따구리를 이기지 못하고 불안정한 상태가 되었으며, 2009년 마침내 전문 수리공에 의해 해체되는 운명을 맞았다.

미송은 현재 뉴질랜드를 포함하여 원산지 밖에서도 널리 심어지고 있다. 프랑스, 독일, 이탈리아 등 유럽 일부 국가에서 현재 가장 키가 큰 나무는 미송이다. 같은 타이틀을 두고 몇몇 경쟁자가 있기는 하지만, 현재 영국에서 자라고 있는 가장 키가 큰 나무도 1880년대에 스코틀랜드의 인버네스(Inverness) 근처에 심어진 높이 66.4m의 미송이다. 이 나무는 '키가 큰 검은 이방인(Dughall Mor)'을 뜻하는 게일어 이름으로 불리고 있다.

원산지인 브리티시 컬럼비아의 밴쿠버 섬에는 엄청나게 노령인 미송이 있다. 고독한 거목 더그(Big Lonely Doug)로 불리는 이 고목은 포트 렌프류 근처 고든 강변의 벌목으로 공터가 된 곳에 홀로 서 있다. 2011년 겨울 데니스 크로닌(Dennis Cronin)이라는 삼림전문가가 벌목을 위해 나무들을 조사하다가 이 나무를 발견하였다. 높이 66m로 23층 건물과 맞먹고 나이는 1,000살 정도 되는 인상적인 나무였다. 나무 아래 서 있던 그는 마침내 나무를 살리기로 결심했다. 나무의 몸통에 밝은 주황색 벌목 딱지를 붙이는 대신, 초록색 리본에 '나무를 그대로 두세요'라는 글귀를 적어 지상에 노출된 뿌리에 묶어둔 것이다. 현재 이 나무는 캐나다에서 두 번째로 키가 큰 나무로, 근처 계곡에서 자라고 있는 레드 크리크 전나무(Red Creek Fir) 다음으로 크다. 고독한 거목 더그는 계속해서 자라겠지만, 더는 고독하지는 않을 것이다. 숲의 자연 재생을 위해 더그의 종자를 퍼뜨릴 것이기 때문이다.

카우리나무

Kauri

Agathis australis

뉴질랜드 북섬에 위치한 와이포우아 포레스트 국립공원(Waipoua Forest National Park)의 무성한 아열대 나무와 나무고사리 임관 위로 숲의 제왕인 타네 마후타(Tane Mahuta)가 우뚝 솟아 있다. 회색과 파란색이 섞인 거대한 원주형 몸통 자체만도 둘레 13.8m, 높이 17.7m로 그 위용이 남다르다. 인상적인 임관을 가진 이 거대한 나무의 총 높이를 측정한 결과 51.5m였으며, 나이는 2,000살 정도로 추정된다. 홀쭉한 이웃들 사이에 거인처럼 서 있는 나무, 식물계의 왕족, 뉴질랜드에서 가장 부피가 큰 카우리나무에 경의를 표하기 위해 매달 수많은 관광객들이 순례를 온다.

카우리나무(*Agathis australis*)는 가장 오래된 침엽수과의 하나인 남방소나무과(Araucariaceae)의 일원이며, 화석 기록은 대략 19,900만년 전인 트라이아스기로 거슬러 올라간다. 카우리는 남방소나무과 중에서 뉴질랜드가 원산지인 유일한 나무이기 때문에 다른 곳에서는 볼 수 없다. 나무는 대개 30~40m 높이로 자라며, 파란색과 회색이 섞인 특이한 나무껍질이 조각조각 얇게 떨어져 나와 외관상 얼룩덜룩하고 매우 거칠어 보인다. 어린 카우리나무가 주변의 임관을 뚫고 자라면 다음으로 길고 넓고 질긴 잎으로 무성한 수관이 드넓게 펼쳐진다. 카우리나무는 성장하면서 아래쪽 가지들을 떨구지만, 성장이 끝나면 튼튼한 위쪽 가지들이 많은 종의 안식처가 된다. 난과 양치류 같은 착생식물뿐 아니라 관목까지도 이 나무의 가지 사이에서 자라는 것을 볼 수 있으며, 몸통 아래쪽에서는 다양한 이끼 종이 발견되기도 한다.

마오리족 창조신화에서 숲의 신, 타네 마후타는 하늘의 아버지, 랑기누이와 대지의 어머니, 파파투아누쿠의 아들이다. 서로 꼭 껴안고 있던 부모를 떼어 놓음으로써 그는 세상에 빛을 허락하고 밤과 낮을 창조하였다. 그리고 자신의 어머니를 초목으로 덮어준 것도 그였기에 모든 나무는 타네의 자식으로 간주된다. 마오리족은 이런 카우리를 나한송(totara, 246페이지) 다음으로 높

카우리나무는 숲의 다른 나무들을 전부 제치고 우뚝 솟을 정도로 거대하게 자랄 수 있다. 나무는 또한 난과 양치류에서부터 주머니여우, 박쥐, 설치류 같은 포유류, 조류에 이르기까지 다른 많은 종의 숙주가 된다.

세계의 불가사의

맞은편 카우리나무는 수솔방울과 암솔방울을 둘 다 가지고 있다. 수분이 되고 나면 암솔방울(그림 속에 보이는)이 여물기까지 최대 3년이 걸리며, 솔방울이 벌어지면 속에 든 씨앗이 나온다.

아래 카우리나무는 과도하게 벌목되었고 여기에 농지 조성을 위한 벌채가 더해지면서 이 종은 한때 서식했던 지역에서 대부분 사라졌다. 그런 의미에서 카우리나무는 과거 뉴질랜드를 덮었던 고대 숲을 떠올리게 한다.

이 평가했으며 둥치를 이용해 전투용 카누를 만들기도 했다.

유럽인들이 처음 뉴질랜드에 도착했을 당시에는 광활한 카우리 숲이 북섬의 여러 지역을 덮고 있었다. 하지만 어마어마한 크기와 곧게 뻗은 줄기, 황금색의 견고한 목재 때문에, 곧 수많은 나무가 잘려나갔고 이제는 국립공원에서만 다수의 나무를 볼 수 있게 되었다. 한때 뉴질랜드에서 가장 중요한 목재용 나무였던 카우리나무는 또 다른 유용한 생산물의 공급원이기도 했다. 바로 수지다. 마오리족은 카우리나무의 수지를 의약품으로 사용하거나 불이 잘 붙는 특성을 이용해 부싯돌로 사용했으며, 숯검댕은 문신을 새길 때 사용하였다. '카우리 수지' 산업은 19세기에 경제적으로 대단히 중요했으며 수확한 수지(코펄)를 페인트, 니스, 리놀륨 제조용으로 수출했다. 카우리 수지는 상처를 치유하거나 박테리아와 병균의 침입을 막기 위해 나무에서 많은 양이 자연적으로 흘러나온다. 그런데 수천 년에 걸쳐 수지 퇴적물이 토양에 축적되면서 '수지 사냥꾼'들이 이를 과도하게 채굴하였다. 사냥꾼들은 퇴적물이 소진되자 살아있는 나무에 상처를 내는 방법으로 수지를 직접 수확하기 시작했다. 그러나 머지않아 이 방법이 나무를 심각하게 훼손하여 결국 죽게 만든다는 것이 알려졌다. 오늘날에는 수지를 발견하면 주로 보석과 예술품을

만드는 데 사용한다.

카우리나무는 서식지의 번성에 꼭 필요한 중심 종이다. 마오리족은 이 나무를 '타옹가'(자연이 준 보물)로 여긴다. 그럼에도 불구하고 농지 조성을 위해 카우리 서식지가 대거 소실되었고, 산불과 벌목까지 더해지면서, 카우리 종은 한때 서식했던 지역에서 대부분 사라졌다. 그뿐만이 아니다. 카우리나무 잎을 갉아먹는 주머니여우, 진균성 질병, 카우리 잎마름병 또한 새로운 위협이 되고 있다. 현재 타네 마후타와 같이 수많은 관광객이 찾는 특별한 카우리나무를 보존하기 위해 여러 조치가 취해지고 있다. 더불어 카우리 숲을 되살리기 위한 노력도 기울이고 있고, 방치된 농지에 자연 재생의 징후 또한 보이고 있다. '타네 마후타'와 그 동종을 포함한 인상적인 나무들이 장수를 누리며 뉴질랜드 북부의 숲을 계속 지배할 수 있기를 바라본다.

두리안
Durian

Durio zibethinus

═════════

두리안은 원산지인 동남아시아에서 '과일의 왕'으로 불리지만, 넓게는 세계에서 가장 악취가 심한 과일로 악명이 높다. 그 강렬한 냄새 때문에 싱가포르에서는 일부 항공사와 호텔, 대중교통에 두리안 반입이 금지되어 있을 정도다. 잘 익은 두리안을 먹다 보면 꼭 시궁창에서 커스터드를 먹는 느낌이라고 말할 정도다. 그러나 두리안 냄새가 시궁창을 떠올리게 할지는 몰라도 부드러운 과육만큼은 별미로 여겨진다. 마크 트웨인(Mark Twain)은 동남아시아를 여행하면서 '두리안이 입에 있는 동안 코를 막기만 한다면, 머리에서 발끝까지 환희를 느낄 것'이라는 말을 들었다고 한다. 두리안 맛은 캐러멜, 아몬드, 바나나 등으로 다양하게 묘사되었으며 박물학자 알프레드 러셀 월리스(Alfred Russel Wallace)에게는 크림치즈, 양파 소스, 심지어는 셰리주(스페인 헤레스데라프론테라 지방의 강화 포도주)를 떠오르게 했다. 어떤 사람들에게 두리안은 구역질이 날 정도지만, 어떤 이들은 대단히 좋아하는데, 호불호는 첨예하게 나뉜다.

　　야생에서 두리안 나무는 최대 40m까지 자라며 보르네오, 인도네시아, 말레이시아, 그리고 추측컨대 수마트라까지 원산지이다. 두꺼운 껍질을 가진 커다란 타원형의 열매는 3~8킬로그램으로 무게가 나가며, 뾰족한 가시로 뒤덮여 있다. 열매는 꽃에서 발달하는데, 노란색과 흰색이 섞인 이 아름다운 꽃은 뒤로 젖혀진 꽃잎을 가지고 있고, 가지와 줄기에서 곧바로 무리 지어 핀다. 꽃도 열매처럼 쉰 우유의 불쾌한 냄새가 나지만, 이 냄새야말로 수분을 기다리고 있다는 직접적인 신호다. 가지나 줄기에 매달린 꽃에는 주요 수분 매개체에게 제공할 꿀과 꽃가루가 듬뿍 들어 있다. 그 매개체는 황혼 무렵에 나무를 찾아와 저녁까지 머물러 있는 큰박쥐들이다. 박쥐가 제 할 일을 끝내고 나면 꽃잎이 떨어지고 열매가 형태를 갖추기 시작한다.

　　열매가 익어서 떨어지면 저절로 갈라진다. 원산지의 숲에서 두리안은 원숭이, 멧돼지, 코끼리가 좋아하는 먹이로, 이 동물들은 두리안 열매가 내뿜는

두리안 나무는 최대 40m의 원뿔 형태로 자란다. 잎의 윗면은 광택이 나는 초록색이고 아랫면은 연한 청동색이며, 크고 무거운 열매는 가시로 덮여 있다.

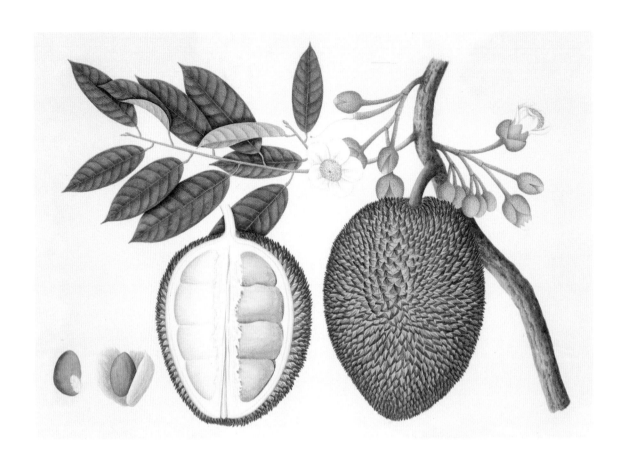

두리안 열매의 노란색 섬유질
과육은 이국적인 맛이 난다고
하지만, 그 냄새는 수챗구멍에서
꺼낸 카스테라를 먹는 것처럼
지독하다.

자극적인 냄새를 맡고 나무로부터 반 마일 이상 떨어진 곳에서도 나무를 찾아올 수 있다. 열매를 배불리 먹은 동물들은 고맙게도 씨앗을 숲속 다른 어딘가에 놓아둔다.

　좋아하는 사람들을 위해 두리안은 인도와 호주를 포함한 아시아의 많은 열대 국가에서 재배되고 있다. 이 유익한 열매에는 비타민과 미네랄이 풍부하고 탄수화물 함량이 높다. 서로 다른 맛과 냄새를 목적으로 개량된 200개 이상의 품종이 있어 각자의 취향대로 고를 수 있다. 중국에서는 무상 킹(Musang King)으로 불리는 변종의 수요가 계속 증가하고 있다. 2012년에는 냄새도 없고 씨도 없는 두 개의 변종, '롱라플래'와 '린라플래'가 태국에서 선보이기도 했다. 이를 계기로 두리안이 더 대중적이고 널리 사랑받는 과일이 되기를 기대해 본다.

레드 맹그로브
Red mangrove

Rhizophora mangle

=====

쉴새 없이 변하는 열대 해안선 조간대에 살면서 염분 가득한 해수에 잠겼다가 뜨겁게 달궈진 갯벌에 드러났다를 반복하는 레드 맹그로브 나무는 피자식물의 한계가 어디까지인지 보여주는 또 하나의 진정한 생존자다. 나무는 다른 종들과 함께 통상 '맹그로브'로 불리는 식물군의 구성원이다. 레드 맹그로브는 화이트 맹그로브(*Laguncularia racemosa*), 블랙 맹그로브(*Avicennia germinans*)와 함께 아프리카 서해안과 미국의 열대 해안가를 따라 복잡하게 분화된 서식지를 형성하고 있으며 특히 강어귀를 따라 번성하고 있다. 맹그로브 서식지는 지구상에서 가장 생산적이고 다양한 생태계의 일부를 이루고 있다.

　　모든 맹그로브 종이 그렇듯, 레드 맹그로브도 고난과 침수가 일상인 환경에서 번성하기 위해 특별한 적응력을 갖추고 있다. 토양의 산소 농도가 대단히 낮기 때문에, 레드 맹그로브는 원줄기에서 시작되는 길이 2m 이상의 호흡근(pneumatophores)을 땅 위로 자라게 한다. 호흡근은 나무껍질에 있는 수많은 구멍(피목[皮目])이 산소를 흡수할 수 있도록 해주고, 나무가 단단히 고정될 수 있도록 지주나 버팀목 역할을 한다. 그뿐 아니다. 맹그로브는 해안가의 높은 염도를 견디도록 적응해왔으며(맹그로브는 염생 식물이다) 뿌리에서 소금을 배출할 수 있다.

　　레드 맹그로브는 작은 상록수로 최대 높이 20m로 자라고 두껍고 질긴 잎을 가지고 있다. 종 모양의 황록색 꽃을 일 년 내내 피우며 바람에 의한 타가수분이나 자가 수분을 통해 적갈색 장과를 생산한다. 이례적으로 이 장과는 커다란 번식체 또는 묘종으로 성장하여 여러 달 부모 나무 옆에 붙어살 수 있다(일명 모체발아). 그런 다음 부모에게서 떨어져 표류하다가 적당한 장소를 찾으면 재빨리 뿌리를 내리고 자란다.

　　맹그로브는 매우 특이한 식물이기도 하지만 대단히 유용하기도 하다. 개

T. 63.

Lacertus.

Rhizophora Mangle
Willd. sp. pl. 2 p 803

세계의 불가사의

맞은편 수분이 되고 나면, 레드 맹그로브의 꽃은 기다란 초록색의 번식체로 발달한다. 이 번식체는 부모 나무에서 떨어져 표류하다가 적당한 해안가를 찾으면 새로운 나무로 빠르게 성장한다.

아래 맹그로브 줄기에서 뻗어 나와 서로 뒤얽힌 호흡근은 나무의 '호흡'을 도울 뿐 아니라 조간대의 식물을 부양하고 수많은 생물에게 보금자리를 제공한다.

미와 개똥벌레 같은 수많은 곤충이 맹그로브 숲을 서식지로 삼는 한편, 일부 양서류와 파충류, 조류, 박쥐와 원숭이를 포함하는 포유류 등이 맹그로브 숲에 와서 먹이를 찾는다. 얽혀 있는 뿌리는 따개비와 연체동물의 보금자리가 되고, 뿌리가 물에 잠겼을 때는 새끼 물고기, 게, 조개뿐 아니라 거북이와 악어같이 좀 더 큰 종들에게도 안식처 역할을 한다. 원산지에서 맹그로브는 건강한 해안 생태계의 필수 구성원이며, 어부에서 지역 관광사업 종사자에 이르기까지 지역 살림에 보탬이 되기도 한다. 그에 더해, 나무는 목재와 연료를 제공하고 껍질은 밧줄과 염료를 만드는 데 사용된다. 맹그로브가 조수에 의한 침식으로부터 해안선을 보호한다는 것은 분명한 사실이며 귀중한 카본 싱크(온실가스 흡수원)이기도 하다.

맹그로브 숲은 그동안 서식지 파괴로 고통받아왔지만, 토지를 안정시키고 재생시키려는 지역 공동체들의 보존 계획에 따라 현재 많은 지역에 맹그로브가 다시 살아나고 있다. 현실적인 측면에서 어려울 수 있는 이와 같은 프로젝트에 레드 맹그로브가 포함되는 경우가 많다(하와이에서는 현재 침입종으로 간주되고 있지만). 나무에 금전적인 가치를 매기기는 어렵지만, 최근 WWF 보고서에 따르면, 맹그로브 숲이 제공하는 상품과 서비스가 매년 세계 경제에 미치는 가치는 미화 18,600만 달러 정도 된다고 한다.

북미사시나무
Quaking aspen

Populus tremuloides

===

북미사시나무(*Populus tremuloides*) 숲은 늦가을 북아메리카 삼림지대에서 가장 숨 막히는 장관 가운데 하나다. 나뭇잎이 짙은 노란 색으로 물들어 회백색의 매끄러운 줄기와 대비될 때면 특히 그렇다. 이 나무는 튼튼하고 곧게 뻗은 낙엽 교목으로 최대 30m까지 자라며, '퀘이키(Quakies)'라는 애칭을 가지고 있다. 나무의 통속명이 어디에서 유래했는지 알기는 어렵지 않다. 다이아몬드 모양의 잎들이 기다란 줄기나 잎자루에 매달린 채 아주 약한 미풍에도 도란거리며 (사시나무 떨듯) 팔락이는 모습을 상상해보면 된다.

식물학적으로 북미사시나무는 가장 가까운 동류에 속하는 유럽사시나무(*Populus tremula*)와 자주 혼동된다. 서로 비슷한 점이 많고 서유럽에서 동아시아까지 널리 분포하기 때문이다. 사실, '*tremuloides*'라는 종소명도 문자 그대로 해석하면 '*tremula*'를 닮았다는 의미이다.

북미사시나무는 물기가 많은 침엽수림 가장자리의 토양과 도로변, 삼림지로 개간된 지역에서 자라며 북아메리카에서 가장 널리 분포된 나무로 여겨진다. 멀리 북쪽으로 알래스카에서 남쪽으로는 캘리포니아, 애리조나, 멕시코 중북부의 과나후아토까지, 서쪽으로는 밴쿠버에서 동쪽으로는 미국 메인 주까지, 그리고 툰드라 남쪽으로 캐나다 전 영토에 걸쳐 자라고 있다. 많은 지역에서 북미사시나무는 숲을 구성하는 주된 나무이며, 2014년부터 유타 주의 나무로 지정되었다. 1933년부터 주 나무의 자리를 지켜온 콜로라도은청가문비나무(*Picea pungens*)가 유타 주 총 산림 면적의 1퍼센트만 차지하는 데 반해 북미사시나무는 약 10퍼센트를 차지하는 것이 주요한 이유였다.

꽃이 피는 나무이고 생장 가능한 종자를 생산하긴 하지만 북미사시나무가 대부분의 다른 수종들처럼 유성번식 하는 일은 드물다. 대신, 뿌리를 통해 무성번식 하는 방식으로 DNA가 동일한 커다란 군락을 이루고 모든 나무가 같은 근계를 공유한다. 이와 같은 번식 유형으로 인해 북미사시나무는 가장

사시나무 잎은 기다란 줄기에 매달려 아주 약한 미풍에도 팔락거리기 때문에 '*tremuloides*'라는 종소명을 갖게 되었다. 여름에는 초록색이었던 잎이 가을이면 찬란한 노란색으로 물든다.

세계의 불가사의

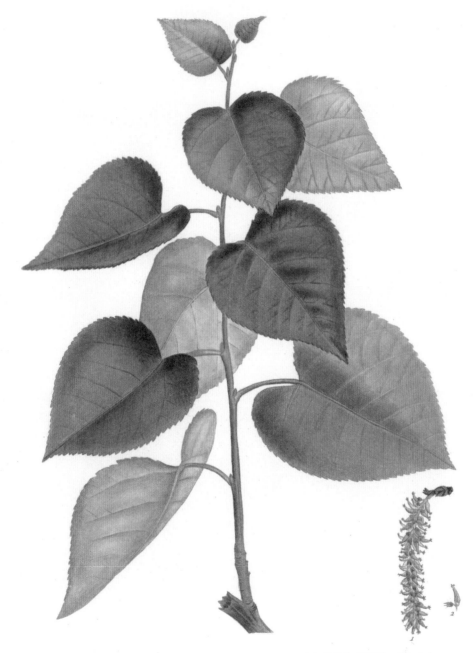

POPULUS Græca.

PEUPLIER d'Athènes. *pag.* 18?

P. J. Redouté *pinx.*

Mixelle ainé Sculp

북미사시나무

무거운 생물이라는 기록을 갖게 되었다. 어떤 '나무'는 줄기가 무려 47,000개에, 무게가 6,000톤이며, 뿌리망이 차지하는 면적은 43헥타르나 된다. 나이가 무려 8만살로 추정되는 이 나무는 1968년 산림 연구원, 버튼 번 반스(Burton Verne Barnes)에 의해 유타 주 남중부 와사치 산맥 남쪽의 세비에 카운티에서 발견되었으며, '판도(Pando)'라는 이름으로 불린다. 판도는 라틴어로 '넓게 퍼진' 또는 '전율하는 거인'이라는 뜻이다. 놀랍게도 판도는 동일한 유전자 표지를 가진 단일 웅성(수컷) 생물이다.

여러 가지 요인들, 예컨대 다른 나무들과의 경쟁을 심화시키는 가뭄과 산불 진화, 뮬사슴과 소 떼의 과도한 방목 등으로 판도는 현재 죽어가고 있는 것으로 여겨진다. 이에 생물학자들은 정확한 원인과 함께 판도를 구할 구제 방법을 찾고 있다. 지상에서 전체 군락을 이루고 있는 나이 많은 줄기들은 사시나무의 평균 수명인 100~130살 정도로, 이는 곧 줄기들이 삶의 끝자락에 다다랐음을 의미한다. 극소수의 묘목만이 땅 속 근계의 흡근으로부터 재생하여 나이 많은 줄기의 죽음이 남긴 공백을 메꾸고 있다. 하지만 이 어린나무들이 성공적으로 자라고 나면 사슴이 재빠르게 나타나 뜯어먹거나 소 떼가 나타나 짓밟는다. 그 결과 나무의 나이는 불균형해지고 군락은 축소된다. 한편, 군락의 바깥쪽에서 침입해오는 침엽수를 막기 위해 불을 사용하는 선택적 생태계 개입이 새로운 흡근이 재생할 수 있는 공간을 제공해왔다.

대부분의 다른 사시나무속 종과 마찬가지로, 사시나무의 흰색 목재는 상대적으로 견고성이 부족하여 주로 제지산업의 펄프재나 포장용 나무상자, 합판 등의 패널을 만드는 데 유용하게 쓰인다. 하지만 비버에게는 더없이 훌륭한 식량원이자 둑 건설 재료로 쓰인다. 북미사시나무의 잎은 다양한 나방과 나비, 조류, 그리고 토끼, 무스, 곰과 같은 포유류의 먹이가 된다.

위 잎이 나오기 전인 이른 봄. 사시나무 꽃이 꽃차례에 달려 있다. 암꽃차례는 삭과가 한 줄로 매달려 있는 형태를 하고 있으며 삭과마다 대략 10개의 작은 씨앗이 들어 있다. 이른 여름, 다 자란 씨앗들은 바람을 타고 쉽게 퍼진다.

맞은편 사시나무는 북아메리카 전역에 널리 분포되어 있으며, 높은 고도에서 흔히 발견된다. 나무는 습기가 많은 곳을 선호하며 눈사태 등으로 공터가 되었거나 황폐해진 지역에서 많이 자란다.

From a Photograph

W Richardson H.M. Exchange Edin

SEQUOIA WELLINGTONIA

MARIPOSA GROVE, SOUTH CALIFORNIA

미국삼나무
Redwoods

Sequoia sempervirens and *Sequoiadendron giganteum*

===========

진정한 신기록 수립자인 이 두 나무는 미국 북서부의 캘리포니아와 오리건에서 자생하고 둘 다 흔히 '삼나무'로 불리기 때문에 혼동하기 쉽다. 현재 지구상에서 가장 키가 큰 것으로 기록된 나무는 미국삼나무(Coast redwoods, *Sequoia sempervirens*)지만, 많은 나무 전문가들은 가장 키가 큰 나무는 사실상 아직 확인되지 않았다고 믿는다. 나무의 삶이 역동적이고 끊임없이 변하며, 도전자가 여전히 어디선가 측정을 기다리고 있을 것이기 때문이다. 현재의 챔피언은 두 명의 박물학자, 마이클 테일러(Michael Taylor)와 크리스 앳킨스(Chris Atkins)가 2006년 발견한 '하이페리온'이라는 어린 나무로 나이는 600살 정도로 추정된다. 캘리포니아의 레드우드 국립공원에서 자라고 있는 나무의 높이는 115.9m로, 나무 꼭대기에 올라 줄자를 바닥까지 내려 측정한 결과다.

미국삼나무는 숲속의 장수 식물로 1,000~1,200살, 심지어 2,200살까지도 살 수 있다. 따라서 하이페리온은 아직 묘목에 지나지 않는다. 그동안 하이페리온의 경쟁자가 없었던 것은 아니다. 태즈메이니아의 마운틴 애쉬(*Eucalyptus regnans*; 174페이지)가 114.3m로 최고 기록에 상당히 근접했지만, 나무를 베기 전에 수치를 입증하지 못했기 때문에 2위에 만족해야 한다.

유럽 이주민들이 북아메리카 서해안에 처음 도착했을 당시 미국삼나무가 차지하는 면적은 647,500~769,900헥타르였으나 그 이후 약 40,500헥타르가 벌목과 삼림 개간으로 소실된 것으로 추정된다. 이 거목들은 남쪽으로 캘리포니아 주, 몬터레이 카운티에서 북쪽으로 오리건주를 22.5km 넘어선 지역에 이르기까지, '운무대(fogbelt)'로 알려진 태평양 연안을 따라 자생한다. 이 거목들을 감싸고 있는 안개는 나무의 생태계에 중요한 역할을 한다. 상대 습도는 증가시키는 반면 수분 증발률과 증산량은 감소시켜 가뭄으로 인한 스트레스를 완화하는 데 도움을 주기 때문이다. 안개가 잦고 비는 거의 내리지

이 나무는 캘리포니아의 시에라네바다 산맥 서쪽 경사면에서 자라는 거삼나무(*Sequoiadendron giganteum*)로 지상에서 가장 부피가 큰 생물이기도 하다. 거삼나무는 지상에서 가장 키가 크고 태평양 연안을 따라 자라는 미국삼나무와 자주 혼동된다.

맞은편 에드워드 피셔(Edward Vischer)의 『캘리포니아 풍경: 캘리포니아, 캘러베러스 카운티, 매머드 트리 그로브(1862)』의 한 장면. 두 그루의 커다란 나무 사이로 쓰러진 미국삼나무의 한쪽 끝이 보인다.

아래 거삼나무의 잎은 상록성으로 어린 가지를 따라 나선형으로 배열된다. 암솔방울이 다 자라려면 18~20개월이 걸리며, 굳게 닫혀있던 초록색의 솔방울이 화재의 열기로 벌어지면 솔방울당 평균 200개 이상의 씨앗이 방출된다.

않는 여름에는 특히 그렇다.

미국삼나무에 대한 최초의 기술은 1769년 프란체스코 수도회 선교사, 후안 크레스피 신부(Father Juan Crespí)의 일기에 등장한다. 크레스피 신부는 스페인의 포르토라 탐험대가 산타크루즈 산맥 근처에 있을 때 이 나무를 관찰했다. 신부는 다음과 같이 썼다. '이 지역에는 이 나무가 아주 많다. 탐험대에는 이 나무에 대해 아는 사람이 없어서 나무의 색을 따라 레드우드(palo colorado, 붉은색 나무)로 이름을 지었다.' 25년이 지난 1794년 겨울, 밴쿠버 탐험대의 아치볼드 멘지스가 식물학자인 에일머 버크 램버트(Aylmer Bourke Lambert)가 사용했던 시료를 채집하여 나무에 'Taxodium sempervirens'라는 이름을 붙였다. '항상'과 '초록색'을 의미하는 'sempervirens'를 종소명으로 붙인 것은 낙엽성인 Taxodium속의 다른 나무들과 미국삼나무를 구분하기 위해서였다. 이후 1847년 오스트리아의 식물학자 슈테판 엔들리허(Stephen Endlicher)가 종명을 'Sequoia sempervirens'로 바꿨다. 'Sequoia'라는 이름은 체로키족의 전설적인 족장, 세쿼이아(Sequoyah)에서 유래한 것으로, 조지 기스트(George Gist)라는 이름으로도 알려진 세쿼이아는 체로키 문자의 창시자로 유명하다.

거삼나무(giant redwood)는 또 하나의 캘리포니아산 신기록 수립자다. 미국삼나무 서식지보다 건조한 시에라네바다 산맥의 서쪽 경사면에서 자라며, 나무가 계속 번성하기 위해서는 자연 발화하는 산불이 필요하다. 세쿼이아는 두께 45cm 정도로 엄청나게 두껍고, 흡수성이 좋으며, 불에 강한 적갈색 수피를 가지고 있다. 처음 나오는 가지들은 산불을 피할 수 있도록 줄기 높은 곳에서 자란다. 불이 나면 임상(林床)에 깔린 낙엽이 타면서 씨앗이 싹트는 데 필요한 광물질 토양이 드러난다. 그리고 불로 인한 열기는 최대 20년까지도 열리지 않는 솔방울을 벌어지게 하여, 안에 들어 있던 개당 230개 정도의 작은 씨앗들을 방출시킨다. 이 씨앗들은 완벽한 묘상 아래로 파고 들어간다.

거삼나무는 3,200~3,300년 정도로 미국삼나무보다도 오래 살 수 있다. 이제 겨우 2,500살이긴 하지만 현존하는 가장 나이 많은 생물 중 하나이자 지구상에서 가장 부피가 큰 생물은 세쿼이아 국립공원에 있는 제너럴 셔먼(General Sherman)

이다. 키는 83.8m밖에 안 되지만, 둘레가 31.3m에 부피는 1,487m³나 되며 무게는 무려 2,500톤으로 추정된다. 이 거대 생명체는 곰 사냥꾼인 어거스터스 T. 다우드(Augustus T. Dowd)에 의해 1852년, 캘러베러스 그로브(Calaveras Grove)에서 처음 발견되었고, 그로부터 얼마 지나지 않아 벌목이 시작되었다. 벌목에 포함된 나무 중에는 최초로 발견된 세쿼이아인 디스커버리 트리(Discovery Tree)도 있었다. 하지만 워낙 거대한 나무들이라 운송과 톱질에 어려움이 따르고, 나무를 벨 때 갈라지거나 부서지는 경향이 있어 그로브에서 제재소까지 갈 수 있는 것은 얼마 되지 않았다. 그리고 목재의 대부분은 내구성이 좋다는 이유로 지붕널과 담장 기둥을 만드는 일에 소비되었다. 벌목이 끝난 나무들이 숲속 지면에 그대로 방치되자 나무의 보존을 위해 스코틀랜드계 미국인 박물학자이자 작가인 존 뮤어(John Muir)와 그 외의 사람들이 주도하는 보존 운동이 시작되었다. 그리하여 요세미티 계곡과 세쿼이아 국립공원을 포함한 많은 미국삼나무숲에 응당 받아야 할 보호 자격이 주어졌다. 고색창연한 세쿼이아 발치에 서서 임관 상층부의 가지들이 삐걱거리는 소리를 듣고 있자면 섬뜩한 기분이 든다. 나무가 말을 할 수 있다면 어떤 이야기를 들려줄까를 생각해보면 더욱 그렇다.

포도카르프, *Podocarpus*

멸종 위기

나무가 자연계의 위대한 생존자인 것은 확실이지만, 다른 한편으로 위기에 처한 것도 확실하다. 전 세계에 존재하는 약 60,000종의 목본식물 가운데, 정확한 수치를 파악하기는 어렵지만, 대략 8,000종이 멸종 위기에 있는 것으로 추정되기 때문이다. 그중 일부는 이 책 어딘가에도 등장한다. 예컨대, 흑단, 바오밥, 카우리, 용혈수처럼 말이다. 많은 나무가 식량, 의약품, 목재로 쓰이며 직접적인 중요성을 갖기도 하지만, 모든 나무는 침식을 억제하고 홍수를 예방하며 기후를 조절하는 등 보이지 않는 '공헌'을 하고 있다. 모든 수종은 또한 퍼즐과도 같은 서식지의 완성에 꼭 필요한 조각이며, 좀 더 넓게는 나무가 자라는 지역 생태계에 중요한 존재다.

나무가 위기에 처하게 된 데는 수많은 이유가 있다. 그중에서도 서식지 감소 및 파괴를 주요 원인으로 들 수 있다. 세계야생생물기금(World Wildlife Fund)에 따르면 우리는 삼림 파괴로 인해 매년 1,870만 에이커의 숲을 잃고 있다. 그밖에 기후변화, 병충해 유입, 침입종, 환경 오염, 과잉 채집, 불법 벌목 모두 원인이 된다. 마오리족에게 문화적으로 대단히 중요한 의미를 가진 두 개의 뉴질랜드 종, 포후투카와(pohutukawa)와 나한송(to-tara)은 복합적인 요인으로 인해 개체수가 대폭 줄었다. 그중에는 호주에서 유입되어 두 나무의 잎을 갉아 먹는 주머니쥐도 포함된다.

놀랄 만한 사실은 위기에 처한 것으로 간주되는 일부 종이 비교적 최근에서야 학계에 알려졌다는 점이다. 여기에는 은삼나무와 울레미소나무같이 '살아 있는 화석'도 포함된다. 한때 화석 기록을 통해서만 알려졌던 이 나무들은 외딴곳에서 우연히 재발견되기 전까지만 해도 오랫동안 멸종된 것으로 여겨졌다. 또 하나의 종이 로드리게스 섬에 사는 한 학생에 의해 도로변에서 발견되었다. 한 그루 유일하게 남아 있던 카페 마론(café marron)이 발견된 것이었다. 이 나무를 번식시키고 존속시키기 위해 큐 왕립식물원 식물학자들의 기술과 전문성이 필요했다.

갈 곳 없는 외딴 섬에서 진화한 이와 같은 고유종들은 식물계의 로빈슨 크루소나 다름없다. 대서양 한가운데 있는 세인트헬레나 섬에서는 한때 세인트헬레나 고무나무가 섬의 광활한 지면을 뒤덮었으나 이제는 몇몇 작은 지역에서만 볼 수 있다. 섬에 국한되어 있는 것은 아니지만, 아름다운 프랭클린나무는 미국 조지아주의 작은 한 지역에만 알려져 있고, 19세기 이후로 야생에서 발견된 적은 없다.

노간주나무와 남방소나무처럼 흔히 볼 수 있다고 생각할 수 있는 종마저도 국지적으로 멸종 위기에 있다. 우리에게 중요하고 유용한 존재임에도 불구하고, 우리는 여전히 나무를 과잉 벌목하며 생존을 위협한다. 국제적인 규제를 비롯하여 과학을 기반으로 한 번식 프로젝트, 종자 은행, 식물원, 연구 등이 전 세계의 수종을 보존하기 위해 꼭 필요하다.

노간주나무

Juniper

Juniperus communis

성장 속도가 느리고 내한성이 뛰어난 상록 침엽수인 노간주나무를 관목으로 여기는 사람이 많다. 하지만 적절한 성장 환경에서 나무는 16m 높이의 뒤틀린 작은 교목으로 자란다. 노간주나무는 북아메리카, 아시아, 유럽에서 북극권에 이르는 북반구 냉온대 지역 전반에 걸쳐 분포하며, 아프리카의 아틀라스 산맥에도 소규모의 잔류 개체군이 있어 목본 식물 가운데 지리적으로 가장 광범위한 영역을 가지고 있다. 나무 대부분이 낮게 퍼지는 습성이 있어, 바람에 의해 나무의 형태가 결정되는 특히 높은 고도의 노출된 환경에서는 바짝 웅크린 듯한 모습을 하고 있다. 노간주나무는 그늘에서는 잘 자라지 못하며, 밀도가 낮은 삼림지대에서 자작나무, 소나무와 함께 자라거나, 삼림지의 가장자리 또는 에리카(*Erica*)가 무성한 황야에서 자라는 경우가 많다.

노간주나무의 촘촘하고 뾰족한 잎은 사슴과 같은 초식동물에게는 기피 대상이지만, 다양한 새들에게는 피난처이자 둥지이며 먹이원이 된다. 암나무에서 열리는 열매는 사실상 두세 개의 씨앗이 든 작은 솔방울이다. 장과처럼 생긴 노간주나무 열매는 처음에는 초록색이었다가 2~3년이 지나 여물고 나면 검보라색으로 변하고 표면에는 푸른빛의 윤기가 흐른다. 이 장과는 톡 쏘는 풍미 때문에 요리에 자주 사용되며 특유의 맛과 향을 내기 위해 진에 첨가하는 핵심 재료이기도 하다. '진(gin)'이라는 단어는 프랑스어(*genièvre*), 이탈리아어(*ginepro*), 네덜란드어(*jenever*)와 관련이 있는데, 모두 '노간주나무'를 뜻하는 이름이다. 법적으로 진에 꼭 넣어야 하는 식물 성분으로는 노간주나무가 유일하다. 이 술에 독특하고 상큼한 솔잎 맛을 내주는 것도 바로 이 나무의 장과이며, 여기에 고수 씨, 레몬 껍질, 당귀 뿌리, 계피 등 다른 식물 성분이 추가로 들어가 조화를 이룬다. 좋은 와인은 포도가 가장 중요하고 좋은 위스키는 오크통이 중요하듯이, 좋은 진은 노간주나무의 향과 맛이 중요한 영향을 미치며, 그 결과는 노간주나무 장과가 세계의 어느 지역에서 수확

노간주나무의 초록색 잎은 매우 뾰족하여 사슴과 같은 초식동물에게는 기피 대상이다. 암나무에서 열리는 열매는 장과처럼 생겼으며, 처음에는 초록색이었다가 2~3년이 지나 속에 든 씨앗이 여물면 특유의 검보라색으로 변하고 표면에는 푸른빛의 윤기가 흐른다.

멸종 위기

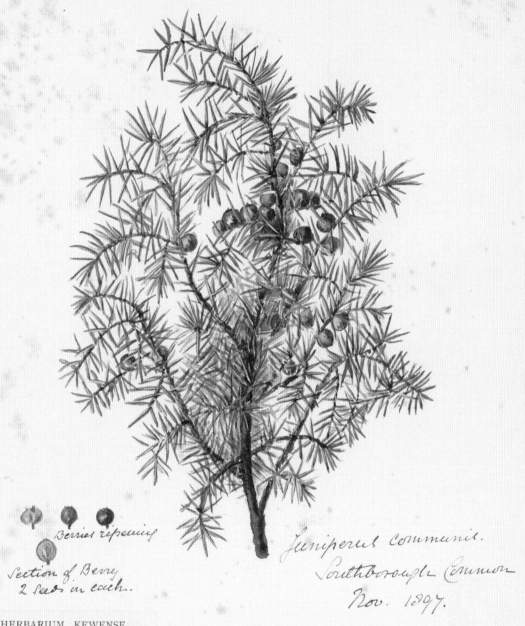

Berries ripening

Section of Berry
2 seeds in each.

Juniperus communis.
Southborough Common
Nov. 1897.

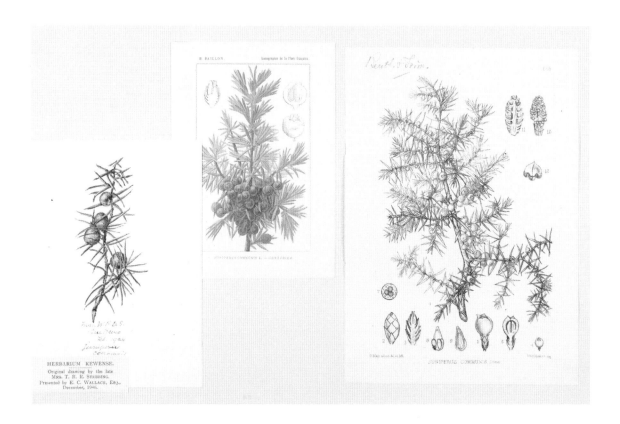

되었느냐에 따라 다를 수 있다. '사티(Sahti)'로 불리는 핀란드 발효 맥주는 전통적으로 노간주나무와 홉(hop)을 사용해 맛을 내고, 노간주나무의 잔가지를 이용해 걸러낸다. 그렇게 만들어진 거품이 풍부한 맥주는 바나나와 노간주나무 가지의 씁쌀한 맛이 도는 독특한 맛을 낸다. 노간주나무의 풍미를 가진 다른 술 중에 프랑스 과실주 '제네브레트(genevrette)'가 있는데, 같은 양의 보리와 노간주나무 장과를 섞어 만든 것이다.

노간주나무 목재는 침엽수치고는 비교적 견고하며, 황갈색을 띠고 나이테의 폭이 좁다. 그러나 장인들이 목선반용과 목각용으로 사용한 것과 한때 연필 원료로 사용한 것 외에는 별다른 용도가 없었다. 나무를 태우면 좋은 향기와 함께 눈에 거의 보이지 않는 연기가 나는데, 그래서 노간주나무가 스코틀랜드의 하이랜드 협곡에서 불법 위스키 증류에 사용되었다는 이야기가 있다. 연기 때문에 지역 세관원과 소비세 징수원의 주목을 끄는 일을 피할 수 있었기 때문이다. 노간주나무는 지금도 여전히 독특하고 향기로운 풍미를 주기 위해 육류와 생선 등 다양한 요리를 훈연하는 데 사용된다.

노간주나무속에는 다양한 종이 있으며, 세계의 다양한 지역에서 미신, 마법, 의약품과 연관되어 있다. 장과의 의약적 용도에 대한 최초의 기록은 기원전 1500년 이집트에서 작성한 조충류 감염에 쓰는 처방전이다. 반면에, 로마

맞은편 사실상 솔방울인 노간주나무의 장과는 진에 풍미를 주는 핵심 성분일 뿐 아니라 의약적인 용도와 요리에도 사용되었다.

아래 한 어부가 향나무 (*Juniperus chinensis*)로 추정되는 나무 아래에 앉아 있다. 다양한 노간주나무 종 가운데 하나인 이 나무는 분재용으로 자주 사용된다. 수채화 물감과 먹을 이용해 그린 이 그림은 로버트 포춘이 19세기 중반 자신의 마지막 중국 탐험에서 무명의 중국인 화가에게 의뢰한 것이다.

인들은 노간주나무로 몸을 정화하거나 복통 치료용으로 사용하였다. 17세기 잉글랜드의 식물학자이자 의사인 니콜라스 컬페퍼(Nicholas Culpeper)는 노간주나무의 장점을 따라올 것이 없다고까지 말했다. 컬페퍼는 자신이 쓴 『완벽 본초서』에서 독을 가진 동물을 쫓아버리거나 복부 팽만감을 치료하는 등 노간주나무 장과를 폭넓은 용도로 추천했다. 오늘날에는 이 장과로 오일을 만들기도 한다. 노간주나무 오일은 플라보노이드와 폴리페놀 항산화 물질이 풍부하며, 강력한 해독제이자 면역체계 촉진제로 평가된다.

불행히도, 노간주나무는 영국 제도, 특히 스코틀랜드에서 점차 사라지고 있다. 주된 원인은 향나무 역병균(*Phytophthora austrocedri*)이라는 뿌리썩음병 때문이다. 이 병원균이 나무의 뿌리에 침입하여 영양분을 나무 전체로 이동시키는 체관부를 죽이면, 결국 중심 줄기의 껍질이 고리 모양으로 벗겨지면서 나무는 죽는다. 하지만 나무의 씨앗이 큐 왕립식물원 밀레니엄 종자 은행에 보관되어 있고, 나무의 지리적 분포 범위가 워낙 광범위하기 때문에 국제적인 수준에서 위기에 처한 것으로 간주되지는 않는다.

노간주나무

포후투카와
Pōhutukawa

Metrosideros excelsa

———

크리스마스를 앞둔 11월과 12월에 걸쳐 —남반구는 여름인— 포후투카와 나무는 진홍색 꽃으로 더없이 화려한 자태를 과시한다. 꽃이 너무 풍성해서 멀리서 보면 마치 나무에 불이 붙은 것처럼 보인다.

도금양과의 일원인 이 아름다운 상록 교목은 마누카, 유칼리나무와도 관련이 있다. 뉴질랜드 고유종인 포후투카와는 해안가 숲에서 주로 자라며 따뜻하고 건조한 환경에서 번성하지만 해풍과 해수 물보라에도 잘 버틴다. 마오리어 이름인 포후투카와는 물보라에 젖는다는 의미로 해안가 서식지를 선호하는 나무의 특성을 나타낸다. 성목은 키가 20m에 이르기도 하며 가죽처럼 질긴 잎들이 돔 모양으로 펼쳐진 수관을 가지고 있다. 기다란 잎은 어릴 때는 털로 덮여 있지만 나이가 들면서 변한다. 잎의 윗면은 광택이 나지만 아랫면에는 은색 털이 남아 있다. 이와 같은 유용한 구조를 이용해 나무는 건조한 환경에서 수분을 유지한다.

포후투카와는 뉴질랜드인에게 문화적으로 대단히 중요하다. 마오리족 신화에서 타우하키(Tawhaki)라는 젊은 전사가 아버지의 죽음에 복수를 하려고 한다. 그는 천국으로 올라가 도움을 청하려고 하지만 땅에 떨어져 그만 죽고 만다. 포후투카와의 붉은색 꽃은 그가 흘린 피를 상징하는 것이다.

뉴질랜드에 도착한 유럽 이주민들은 12월에 꽃이 핀 나무를 보고 '뉴질랜드 크리스마스트리'라는 영어 통속명을 붙여 주었다. 이후로 포후투카와는 뉴질랜드 크리스마스 전통의 중요한 상징이 되었다. 학명인 *Metrosideros excelsa*는 이 나무의 속성과 특징을 강조하고 있다. *Metrosideros*는 그리스어에서 유래한 것으로 '경질 목재'를 의미한다. 성장이 느리고 붉은색을 띠는 이 나무의 목재가 무겁고 견고하기 때문이다. 한편 *excelsa*는 라틴어로 높이 치솟은 것 또는 가장 높은 것을 의미한다. 포후투카와 목재는 장작으로 사용되었으며, 내성과 내구성이 좋아 선박 건조용으로 좋은 평가를 받았다.

포후투카와는 마오리족에게 대단히 중요하며 자연이 준 보물(타옹가)로 여겨진다. 뉴질랜드를 대표하는 도금양과 종 가운데 하나이기도 하다.

깃털처럼 생긴 커다란 잎과 선명한 진홍색 꽃이 나무의 모습을 더욱 두드러지게 한다. 11~12월에 꽃이 펴서 '뉴질랜드 크리스마스트리'란 이름으로 불린다.

마오리족 전통에는 사람이 죽으면 그 영혼이 북섬 최북단의 레잉가 곶 (Cape Reinga) 근처에 있는 나이 많고 신성한 특정 포후투카와 나무로 간다는 믿음이 있다. 나무의 뿌리를 따라 내려가면 신성한 동굴에 이르고 이 동굴을 지나 영적 세계로 가는 것이다. 이 곳은 태즈먼해와 태평양이 만나는 곳으로 이 세계가 끝나고 미지의 영역이 시작되는 지점으로 여겨진다.

포후투카와 나무가 비록 숭배의 대상이기는 하나, 이 신성한 나무와 다른 도금양과 종에도 결국 위기가 찾아왔다. 뉴질랜드에서 최근 발견된 도금양 녹병 때문이다. 바람을 타고 옮겨지는 이 악성 병균은 1880년대 브라질에서 처음 발견되었으나 1970년대까지는 주목을 끌지 못하였다. 그러다 최근 들어 태평양을 건너 빠르게 확산되면서 현재 뉴질랜드의 고유식물과 중요한 작물을 위협하고 있다. 포후투카와는 호주에서 유입된 침입종, 주머니쥐의 공격도 받고 있다. 포후투카와의 잎과 싹은 이 쥐들이 좋아하는 먹이이다. 화재와 토양 다짐(너무 다져지면 나무의 성장을 방해한다) 등의 형태로 인간이 초래하는 문제도 있다. 1990년에는 해안가에서 나고 자란 나무의 최대 90퍼센트가 손상되거나 훼손된 것으로 추정되었다. 다행인 것은 그 후로 수천 그루의 나무가 다시 심어졌고, 일종의 안전장치로 종자 은행에서 충분한 양의 종자를 확보함으로써 이 종의 미래가 보장되었다는 점이다.

프랭클린나무
The Franklin tree

Franklinia alatamaha

═══════

이 나무는 미국 건국의 아버지 중 한 명에서 이름을 따 왔다는 차별성을 갖는다. 프랭클린나무(*Franklinia alatamaha*)는 차나무를 포함하는 동백나무과 (Theaceae)의 일원으로, 발견과 재배를 위한 도입, 이후의 역사에 얽힌 경이로운 이야기도 가지고 있다. 1765년 영국의 조지 3세는 북아메리카에서 근무할 왕립식물원 소속 식물학자로 존 바트람(John Bartram)을 임명했다. 바트람은 펜실베이니아의 퀘이커교도 집안에서 태어난 농부이자 식물 채집가였다. 자신에게 부여된 임무 덕에 바트람은 식물 표본과 종자, 살아있는 시료를 수집하여 자신의 정원에 옮겨 심거나 큐 왕립식물원을 포함한 유럽의 정원으로 보낼 수 있었다. 그해 말, 바트람과 그의 아들 윌리엄은 미국 조지아 주에 있는 알타마하 강기슭을 탐색하다 소규모의 낯선 나무 군락과 맞닥뜨리게 되었다. 때는 시월이었고 나무에 열매가 열려 있었지만 바트람 부자는 그것이 어떤 식물인지 확신이 없었다. 처음에는 열매에 잔털이 나 있고 생김새는 로블로리 베이(loblolly bay, *Gordonia lasianthus*)와 비슷하다는 점에서 나무를 '*Gordonia pubescens*'라고 불렀다.

훗날, 윌리엄 바트람은 같은 장소를 찾아 꽃이 핀 나무를 보고서, 자신의 저서 『윌리엄 바트람의 여행』에 이 나무에 대한 묘사를 실었다. "매우 크고 (…) 눈처럼 하얀색의, 그리고 황금색으로 빛나는 수술이 마치 왕관이나 술 장식처럼 장식되어 있다." 그는 이 나무가 '아름다움에서나 꽃의 향기에 있어서나 단연 1등'이라고 생각했다. 그가 채집한 시료는 런던으로 보내져 스웨덴의 박물학자이자 칼 린네의 제자인 다니엘 솔랜더의 연구 대상이 되었다. 솔랜더는 이 나무를 새로운 식물로 판명했다. 속명을 '*Franklinia*'로 한 것은 존 바트람의 친한 친구인 벤저민 프랭클린(Benjamin Franklin)을 기리기 위함이었다. 정치가이자 저술가로 미국 독립선언문 초안을 작성한 바로 그 벤저민 프랭클린이다.

종소명(alatamaba)은 한때 프랭클린나무가 자라던 강(River Altamaha)에서 이름을 따온 것이다. '한때 자라던'이라고 표현한 것은 이곳이 나무가 자생하는 것이 목격된 유일한 장소이고, 1803년 이후로는 확실한 목격담이 없어 야생에서는 멸종된 것으로 보기 때문이다. 윌리엄 바트람은 채집한 시료 중 일부를 번식시켜 펜실베이니아에 있는 자신의 정원에서 나무를 키웠다. 미국 최초의 식물원이기도 한 이 정원은 존 바트람이 1728년 필라델피아 근처 스퀼킬 강변에 세운 것이다. 오늘날 전 세계에서 자라고 있는 모든 프랭클린나무는 바트람의 정원에 심어진 나무의 후손들이다.

프랭클린나무는 낙엽성의 커다란 직립 관목 또는 작은 교목으로, 이상적인 환경에서는 10m 높이로 자라기도 한다. 그러나 재배 환경에서는 4~7m의 작은 나무로 자란다. 자유롭게 흡근을 만들기 때문에 몸통이 여러 개인 나무나 외줄기를 가진 나무로 재배할 수 있으며, 성숙한 표본의 경우 몸통의 회색 껍질에 수직으로 융기된 줄무늬가 돋보인다. 짙은 녹색을 띠는 가늘고 긴 잎은 길이 15cm까지도 자라며 가을이 되면 짙은 다홍색으로 물든다. 플랭클린나무가 높이 평가되는 이유는 꽃 때문이다. 여름이면 동백꽃처럼 생긴 크고 향기로운 흰색 꽃이 피는데 오렌지 꽃이나 인동덩굴이 연상되는 향기를 풍긴다. 그러나 유럽에서 재배되는 나무는 늦가을이 될 때까지 꽃을 피우지 않는다. 아마 유럽의 여름 기온이 미국 동부에 있는 원산지 기온만큼 높지 않아서 일 것이다. 따라서 꽃봉오리를 맺는 연한 나무(soft wood)로 거듭나려면 원산지 정도의 기온이 필요하다. 수분이 이뤄져 둥근 열매가 다 자라는 데는 1년 이상이 걸린다. 열매가 익고 나면 씨방이 열리고 생장 가능한 씨앗이 방출된다.

윌리엄 바트람도 인정했듯이, 플랭클린나무가 왜 국한된 지역에서 자라는 것으로만 알려졌는지는 불가사의하다. 마찬가지로 나무가 왜 야생에서 사라졌는지도 알 수 없다. 목화 농장을 휩쓸었던 병균, 인간에 의한 훼손, 홍수나 화재 등이 원인으로 추정될 뿐이다.

프랭클린나무는 재배하거나 옮겨심기 어렵지만 한 번 자리를 잡으면 장수하기 때문에 수고를 들여 키울만한 가치가 충분하다. 이 아름다운 나무를 성공적으로 키우는 사람은 나무의 미래를 보호하고 멸종을 예방하는 일에도 도움을 주고 있는 것이다.

남방소나무
Monkey puzzle

Araucaria araucana

선사시대 유물처럼 생긴 이 특이한 나무는 높고 곧은 줄기에, 나이 많은 표본 일수록 가지가 수평으로 층층이 이루어진 수관을 가지고 있으며, 가지에는 뻣뻣하고 끝이 뾰족한 잎들이 행렬을 이루며 빈틈없이 자리하고 있다. 이 나무의 정체는 '남방소나무(monkey puzzler, *Araucaria araucana*)'로, 빅토리아시대 사람들이 관상용으로 높이 평가했고 공원 및 규모가 큰 정원에서 단독 표본으로 널리 심었던 나무다. 당시 사람들은 이 나무의 기이한 생김새에 매료되었다. 정원에서 키우는 유용한 식물이라기보다는 호기심의 대상이었다. 대략 2억 년 전에 살았던 남방소나무과에 속하는 이 나무의 바늘처럼 생긴 뾰족한 잎이, 나무와는 달리 까마득한 옛날에 멸종된 고대 초식동물로부터 나무를 보호했을 것이다.

남방소나무는 칠레 중남부에 있는 숲과 해발 900~1,800m 안데스산맥 서쪽 경사면의 화산토, 나우엘부타 국립공원의 해안 산맥에서 자생하며, 아르헨티나 남서부의 안데스산맥에서는 소규모 개체군이 자라고 있다. 1990년에 칠레에서 천연기념물로 지정되었고 현재는 칠레의 국목이기도 하다.

1780년, 남방소나무를 최초로 발견한 서양인은 스페인 탐험가 돈 프란시스코 덴다리아레나(Don Francisco Dendariarena)였지만, 나무를 들여와 재배하게 된 것은 그로부터 15년이 지난 1795년, 아치볼드 멘지스에 의해서였다. 의사이자 박물학자인 멘지스는 '밴쿠버 탐험' 당시 영군 해군 함장이었던 조지 밴쿠버가 지휘하는 HMS 디스커버리 호에 승선한 인물이다. 4년 6개월간 지속된 이 탐험의 목적은 태평양 연안과 북아메리카 내륙으로 배가 들어갈 수 있는 강에 대해 정확히 조사하는 한편, 정보를 수집하고, 멘지스의 연구에 필요한 일을 도우라는 지시를 수행하는 것이었다. 역사적인 항해에서 돌아오는 구간에 밴쿠버 함장은 칠레의 발파라이소 항구에 배를 정박시켰다. 고국까지의 긴 항해를 위해 배를 재정비하고 필요한 수리를 하기 위해서였다. 그

남방소나무는 선사시대 유물을 닮은 상록수로 1,000년 정도 살 수 있으며, 높이는 50m로 자란다. 정원에 있는 어린나무들은 지면 가까이에도 가지가 있지만 성목으로 자라면서 아래쪽 가지들은 떨어져 나간다.

멸종 위기

남방소나무

남방소나무는 가지를 둘러싸고 빽빽하게 배열된 가시 모양의 뾰족한 잎을 가지고 있다. 수술방울(왼쪽)과 씨앗이 든 동그란 암솔방울(오른쪽)은 가지 끝에 열린다. 각각의 암솔방울 속에는 견과처럼 생긴 씨앗이 많으면 200개까지도 들어있다. 이 씨앗이 여물려면 2년 정도 걸린다.

렇게 5주를 머무는 동안 밴쿠버와 멘지스는 발파라이소 총독으로부터 초대받은 만찬 장소에서 디저트로 특이한 견과를 대접받았다. 모든 훌륭한 식물학자들이 그렇듯이, 멘지스는 씨를 먹지 않고 주머니에 넣어두었다가 HMS 디스커버리 호에 돌아와 화분에 심었다.

탐험대가 잉글랜드에 도착할 무렵, 멘지스는 다섯 그루의 남방소나무 묘목을 가지고 있었다. 그는 큐 왕립식물원에 조지 3세의 정원 자문으로 있는 조셉 뱅크스에게 그 어린나무들을 자랑스럽게 선물했다. 나무들은 식물원에서 1892년까지 생존해 있으면서 식물학적으로 크나큰 흥미와 호기심을 불러일으켰다. 마찬가지로 19세기에 오늘날 사용되는 영어 통속명(monkey puzzle)이 탄생하기도 했다. 그 배경은 이렇다. 콘월, 보드민에 있는 펜카로우 저택의 윌리엄 몰스워스 경(Sir William Molesworth)이 자신의 정원에 있는 나무 한 그루가 대단히 자랑스러운 나머지 친구들에게 자랑삼아 보여주었다. 변호사인 한 친구가 나무를 보더니 '원숭이(monkey)가 나무에 오르려다 당황하겠다(puzzle)'고 말했다고 한다. 칠레든 콘월이든 원숭이는 없지만, 아무튼 그런 연유로 나무는 '멍키퍼즐러(monkey puzzler)'로 알려지게 되었고, 나중에 'r'이 빠졌다.

엑서터에 위치한 바이치 묘목장의 제임스 바이치(James Veitch)는 멘지스의 나무를 큐가든(큐 왕립식물원의 정원)에서 보고 나서 콘월 출신의 식물 채집가인 윌리엄 롭을 고용하였다. 그리고 그에게 남방소나무를 찾아 그 종자를 가져오게 하였다. 나무에 오르는 것 자체가 불가능하였으므로, 롭은 나무 위가지 끝에 달린 솔방울을 화살로 맞추었고 롭의 짐꾼들이 떨어진 솔방울에서 씨앗을 수거했다. 그는 이런 방식으로 3,000개 이상의 종자를 채집했다. 1842년 롭이 바이치에게 보낸 종자에서 자란 묘목들은 1884년 무렵부터 판매할 수 있게 되었다.

남방소나무는 위풍당당한 상록수로 약 1,000년 정도 살 수 있다. 높이는 최대 50m까지 자라고, 직경이 큰 줄기는 내화성을 가진 껍질로 덮여 있으며, 밑동은 코끼리 발을 닮았다. 어린나무들은 지면 가까이에도 가지가 나지만 자라면서 아래쪽 가지들은 떨어져 나간다. 파충류처럼 생긴 뾰족하고 광택이 나는 잎은 수평으로 뻗은 가지를 둘러싸고 나선형으로 배열되어 있고, 그 끝에 많으면 200개의 씨앗이 든 3~4cm 길이의 크고 동그란 암솔방울이 매달려 있다. 이 솔방울은 다 자라서 여무는 데까지 2년이 걸린다. 학명의 유래가 된 아라우카니아 지역의 마푸체족 사람들은 이 나무가 신성하다고 믿었고, 탄수화물과 단백질이 풍부한 이 나무의 씨앗 또는 피뇨네스(piñones, 잣과 비슷)를 먹었다. 이들도 아마 발파라이소에서 멘지스와 밴쿠버가 대접받은 것과 비슷하게 요리해서 먹었을 것이다.

남방소나무 목재는 가볍고 부드러워서 한때 건축, 바닥재, 제지용 펄프, 배의 돛대를 만드는 데 사용되었고, 이는 벌목과 산림 파괴로 이어졌다. 그러나 나무는 CITES의 보호를 받고 있고, IUCN 레드 리스트에도 멸종 위기종으로 등록되어 있기 때문에, 이 목재를 국제적으로 거래하는 것은 현재 불법이다. 칠레 해안 산계의 일부인 나우엘부타 산맥에서는 지금도 남방소나무를 볼 수 있다. 나우엘부타(Nahuelbuta)라는 이름은 그 지역의 마푸체어에서 유래한 것으로 나우엘(nahuel)은 재규어를 의미하고 부타(futa)는 큰 것을 의미한다. 이 커다란 고양잇과 동물이 위풍당당한 남방소나무 사이에서 살았던 것이다. 이곳의 오래된 농장 벽에는 '마리앤 노스(Marianne North) 1884'라고 새겨진 명판이 아직도 붙어 있다. 노스는 빅토리아시대의 유명한 식물화가로, 13년이 넘는 기간 동안 두 차례의 세계여행을 하며 자연 서식지에 있는 희귀한 식물들을 그렸다. 그녀는 화구와 필요한 물품들을 전부 챙긴 다음 십중팔구 말을 타고 이곳으로 혼자 여행을 왔을 것이다. 마리앤은 사망하기 6년 전 자신의 작품 전체를 큐 왕립식물원에 기증했다. 그녀가 기증한 그림 832점과 남방소나무를 포함하여 서로 다른 246개 종류의 나무 패널이 특별히 건립된 갤러리에 전시되고 있다.

은삼나무
Chinese silver fir

Cathaya argyrophylla

====

중국 충칭시 난촨 구 내에 있는 양쯔강 상류 다러우 산맥의 일부인 진푸산 또는 황금부처산은 희귀하고 아름다운 한 침엽수의 고향이다. 해발 2,251m 의 이 석회암 산에 소규모의 은삼나무(*Cathaya argyrophylla*) 개체군이 삼엄한 보호를 받으며 자라고 있다. 흔히 '중국은전나무' 또는 중국어로 '은삼'으로 불리고 있다. *Cathaya*는 고국인 중국의 옛날 이름과 관련이 있으며(중세 유럽에서 중국을 'Cathay'로 부름-역자 주) 종소명인 '*argyrophylla*'는 라틴어로 은색 잎을 의미한다. 은삼나무 잎 아랫면의 멋진 모습을 묘사한 것이다.

특이한 데다 알려진 것이 거의 없는 이 나무는 은삼나무속을 대표하는 단일종으로 비교적 최근인 1955년, 중국인 과학자들에 의해 쓰촨성 남동부에서 발견되었고, 플라이오세 시기의 식물 화석과 연관이 있는 것으로 확인되었다. 이후 훈난구, 광시, 구이저우성의 일부 외딴 장소에서도 발견되었으며, 해발 900~1,900m 높이에 있어 접근하기 어려운, 탁 트인 경사면과 산등성이에서 잘 자란다. 이런 곳은 대개 구름이 짙고 습도가 높다. 은삼나무는 상록 활엽수들이 섞여 있는 숲에서 자라고 자연 상태로는 보기 드문 종이다. 현재 남아 있는 은삼나무는 500~1,000그루의 성목 뿐인 것으로 추정된다. 나무는 높이 20m 또는 그 이상으로 자라며, 곧은 원주형의 줄기와 얇게 벗겨지는 짙은 회색의 껍질을 가지고 있다. 바늘처럼 생긴 4~6cm 길이의 잎은 위쪽이 짙은 녹색을 띠고, 아래쪽에 은색으로 빛나는 두 개의 줄이 나 있다. 그래서 이름이 은삼나무다.

다행스러운 사실은 중국에 있는 은삼나무 대부분이 현재 최고 수준의 보호와 함께 접근이 엄격히 통제되는 자연보호구역에 있다는 것이다. 이 '살아 있는 화석'을 자연 서식지에서 본 서양인은 극소수다. 1996년 진푸산을 찾은 한 식물 탐험대가 산에 들어가도 된다는 허가를 처음으로 받았는데, 지역 경찰, 지역 관광청, 삼림부, 공안국, 중국군, 시장 집무실의 대리인들로부터 받

'살아있는 화석'인 은삼나무는 높이 20m에, 곧은 원주형의 줄기, 거의 수평에 가까운 가지, 얇게 벗겨지는 짙은 회색의 껍질을 가진 위엄있는 나무로 자랄 수 있다. 현재 자연보호구역에서 삼엄한 보호를 받고 있음에도 불구하고, 은삼나무는 중국의 원산지에서 이제 거의 찾아볼 수 없다.

멸종 위기

은삼나무

은 허가 이후에도 탐험대는 중국 관리 여섯 명의 호위를 받으며 움직여야 했다. 은삼나무가 자라는 곳 아래 석회암 노출부의 틈새와 발판은 안개 위로 어렴풋이 보이는 나무에 접근하는 것을 막기 위해 전부 콘크리트로 채워져 있거나 매끈하게 제거되어 있었다.

당시 살아있는 나무의 일부를 채집하는 일은 제한되어 있었으며, 나무 또는 종자의 수출이나 유통에 대해서도 국가 차원의 금지령이 내려 있었다. 그리하여 중국 식물학자들이 '식물계의 자이언트 팬더'라고 부른다는 은삼나무는 거의 알려진 것이 없는 식물로 남게 되었다. 그런데 이 나무를 중국 이외의 곳에서 볼 수 있기는 할까? 훗날 통상 금지령이 해제되면서, 하버드대학교 아널드 수목원을 비롯하여 시드니와 에딘버러를 포함한 많은 삼림연구소와 식물원을 통해 은삼나무 종자가 배포되었다. 그러나 재배되는 나무의 숫자가 여전히 적고, 아직은 연구소나 식물원 이외의 곳에서 자라는 성목도 없다. 그러나 적어도 중국에 있는 개체군만큼은 중국 정부가 시행한 벌목 금지를 포함하여 높은 수준의 보호를 받고 있다. 그렇다고는 해도 자연 번식은 여러 가지 이유에서 쉽지 않아 보인다. 은삼나무 씨앗이 설취류와 날다람쥐, 백한(꿩과)의 먹이가 되기 때문이다. 설상가상 백한은 묘목도 먹는다.

아직 어리긴 하지만 정원에서 재배되는 몇 안 되는 나무가 현재 꽃을 피우고 있고, 처음으로 번식력 있는 종자를 품고 있다. 이 종자가 자라기 시작했으니 좀 더 어린나무들이 곧 기존의 컬렉션에 추가될 것이다. 그리하여 위기에 처한 이 나무의 생존을 조금 더 연장시킬 것이다. 은삼나무는 정원의 관상용 나무로 아직은 마땅한 수준으로 널리 알려지지 않았지만, 어디에서 재배되든 그 아름다움과 희소성 때문에 언제나 사랑받을 것이다.

은삼나무의 바늘처럼 생긴 잎은 위쪽이 짙은 녹색을 띠고, 아래쪽에 은색으로 빛나는 두 개의 줄이 나 있다. '은색 잎'을 뜻하는 그리스어, 'argyrophylla'를 종소명으로, 'silver fir'를 영어 통속명으로 갖게 된 이유가 여기에 있다.

멸종 위기

울레미소나무

Wollemi pine

Wollemia nobilis

울레미소나무와 관련하여 가장 오래된 것으로 알려진 화석은 9,000만 년 전 것이며, 1994년 몇 그루의 나무가 호주 시드니에서 멀지 않은 외진 협곡에서 발견되기 전까지는 멸종된 것으로 추정되었다.

1994년 9월 10일, 호주 뉴사우스웨일스 주 국립공원의 데이비드 노블(David Noble)은 블루마운틴 울레미 국립공원에 있는 외지고 한적하며 경사가 가파른 사암 협곡을 홀로 걷고 있었다. 호주에서 가장 큰 도시인 시드니에서 북서쪽으로 150km 떨어져 있는 곳이었다. 트레킹 도중 노블은 수없이 걸었던 이 야생의 협곡에서 전에는 보지 못했던 매우 낯설고, 특이하게 생긴 나무와 맞닥뜨렸다. 그는 잎에서 작은 시료를 채집하여 시드니에 있는 왕립식물원으로 가져가 분류학자들의 감정을 받았다. 그 결과 나무의 존재가 학계에 알려지지 않은 새로운 종으로 판명되었다. 식물계를 놀라게 할 만한 극적인 발견이었던 것이다. 훗날 나무에 '*Wollemia nobilis*'라는 학명과 울레미소나무라는 일반명이 붙었다. 속명 '*Wollemia*'는 울레미 국립공원에서 이름을 딴 것으로, 호주 원주민어 단어인 울레미는 '주위를 둘러보라, 그리고 조심하라'는 뜻이다. 종소명인 '*nobilis*'는 나무의 고상함과 발견자인 데이비드 노블 둘 다를 뜻한다.

울레미소나무는 진짜 소나무가 아니고 원시 식물인 남방소나무과의 일원이다. 이 과의 식물들은 2억만 년에서 6,500만 년 전인 쥐라기와 백악기에 전 세계 숲에 널리 퍼져 있었다. 남방소나무과를 대표하는 다른 두 속은 현재 주로 남반구에 국한되어 있다. 카우리나무(Agathis, 202페이지)와 남방소나무(232페이지)다. 울레미소나무와 관련하여 가장 오래된 것으로 알려진 화석은 9,000만 년 전 것이며, 나무는 대략 2백만 년 전에 멸종된 것으로 추정되고 있었다. 1994년 극적으로 재등장하기 전까지는 화석 기록을 통해서만 알려져 있었기 때문에, 울레미소나무는 '나사로' 분류군

멸종 위기

('Lazarus' taxon) 또는 '살아있는 화석'인 셈이다.

울레미소나무는 남방소나무와 같은 과에 속한다. 울레미소나무의 잎은 남방소나무와 마찬가지로 평평하게 펼쳐진 채 나선형으로 배열되어 있다. 동그란 암솔방울도 남방소나무의 암솔방울과 비슷하게 생겼지만 직경이 훨씬 작다.

울레미소나무는 키가 큰 상록 침엽수로 최대 40m 높이로 자라고 몸통 직경은 1.2m 정도 된다. 10살이 넘어 다 자란 줄기의 껍질은 옹이투성이여서 기포가 잔뜩 올라온 초콜릿을 연상시킨다. 울레미소나무는 독특하게 가지를 내는 습성이 있다. 몸통에서 자란 주요 가지 외에 절대로 곁가지를 내지 않는다. 같은 과의 남방소나무와 마찬가지로, 잎 전체는 가지를 따라 나선형으로 배열되어 있으며 각각의 잎들은 이열 내지 사열의 횡렬로 평평하게 늘어서 있어서 알아보기 쉽다. 겨울 휴지기 동안 끝눈은 극관(極冠, polar cap)으로 알려진 흰색 수지로 덮이는데, 이 수지가 겨울 추위로부터 생장점을 보호한다. 나무가 빙하기에 살아남을 수 있었던 이유 중 하나가 바로 이 극관 때문일 것이다. 봄이 오면 파릇파릇하고 부드러운 연녹색 잎이 극관을 뚫고 나와 자라기 시작하고 성장하면서 서서히 청록색으로 변한다.

최초의 발견 이후 작은 울레미소나무 숲 두 곳이 더 발견되었다. 백 그루가 안 되는 성목이 남아 있기는 하지만 말이다. 나무 대부분은 밑동에서 갈라져 나온 여러 개의 줄기를 가지고 있는데, 일부 나무는 줄기를 백 개까지도 뻗고 있다. 이와 같은 자연발생적인 가지치기 방식은 나무가 자생하는 가파른 협곡에서 화재와 낙석에 대한 방어수단으로 서서히 진화한 결과일지 모르며, 그로 인해 오늘날까지 살아남을 수 있었을 것이다. 따라서 나무가 무성번식 하는 것도 가능할 것이며, 개체 간에 유전적 변이가 거의 없다는 것이 입증되기도 했다.

심각한 멸종 위기종으로 분류된 울레미소나무는 현재 호주에서 보호받고 있으며, 나무가 있는 협곡의 정확한 위치는 비밀로 유지되고 있기 때문에, 누구든 위험을 무릅쓰고 깊은 협곡으로 들어갔다 발각될 경우 기소 처분될 것이다. 이와 같은 법적 조치는 뿌리썩음병(*Phytopthora cinnamomi*)이 전염되는 것을 막기 위해 시행되어 왔다. 이 병은 사람들의 신발을 통해서 전염되며 연약한 식물 개체군의 환경에 커다란 피해를 초래할 수 있다. 울레미소나무를 위한 보존 전략의 일환으로 전 세계에서 어린 울레미나무가 재배, 배포, 판매되어 왔다. 블루마운틴의 마운트 토마 식물원에 있는 기존의 울레미소나무들은 나무의 원산지를 모방한, 울타리가 쳐진 계곡 안에서 안전하게 자라며, 식물학적으로 매혹적인 이 나무의 유전자풀(gene pool)을 보호하고 있다. 울레미소나무는 나무 세계의 공룡이라 불려도 손색이 없으며 고대와의 살아있는 연결고리이기도 하다. 우리가 울레미(wollemi)라는 단어에 담긴 호주 원주민어의 의미를 따랐다면, 이 나무를 훨씬 더 빨리 재발견할 수 있었을지 모른다.

세인트헬레나 고무나무

St Helena gumwood

Commidendrum robustum

═══════

옹이투성이에 강인해 보이는 세인트헬레나 고무나무(*Commidendrum robustum*)는 아프리카 해안에서 1,930km 떨어진 바다 위 외딴 점과도 같은 곳, 바로 세인트헬레나의 국목이다. 바람이 많이 부는 남대서양의 화산섬이 원산지인 세인트헬레나 고무나무는 지구상의 다른 곳에서는 자라지 않으며, 한때 섬 면적의 절반이 넘는 언덕을 숲으로 뒤덮었다. 그러나 산림 파괴, 농업, 외래종의 유입, 그리고 17세기 섬에 도착한 영국 이주민들에게 유용한 목재로 쓰이면서, 이 고무나무는 서로 떨어져 있는 두 개의 작은 야생 개체군으로 줄어들었다. 나무는 현재 심각한 멸종 위기종으로 분류되고 있다.

세인트헬레나 고무나무는 털로 덮인 회녹색의 두꺼운 잎들이 우산처럼 생긴 수관을 형성하며, 높이는 최대 8m까지 자라고, 줄기 끝에 매달려 대롱거리는 작고 하얀 꽃을 피운다. 특이하게 생긴 이 꽃을 다양한 곤충들이 찾아온다. 그중에는 세인트헬레나 고유종인 꽃등에(hoverfly)도 있다. 꽃은 수분이 되고 나면 각각 한 개의 씨앗이 든 열매로 발달한다. 씨는 바람을 타고 퍼지며, 이상적인 장소에 도착하면 바로 싹을 틔우고 자란다. 묘목은 초식동물의 먹이 신세는 되지 않는다.

2013년, 과학자들은 세인트헬레나 고무나무 가운데 단 679그루의 야생 나무만이 개별적으로 새로운 세대의 묘목을 내기 위해 분투하는 것으로 보았다. 가축, 쥐, 토끼가 나무의 어린잎을 뜯어 먹을 뿐 아니라 침습성 잡초가 묘목의 성장을 방해하기 때문이었다. 성목의 경우, 수액을 빨아먹는 자카란다 벌레 같은 침습성 해충 때문에도 고통받았다. 하지만 이 특별한 나무들은 현재 보호받고 있으며 섬 주민들이 만든 합동 보존 프로그램의 핵심이 되었다. '고무나무 수호자(Gumwood Guardians)'들은 묘목을 새로 심고, 나무가 자생하는 지역에서 잡초와 쥐를 없애는 일을 돕고 있으며, 소 떼와 염소 떼가 어린잎을 먹지 못하도록 울타리를 세우고 있다.

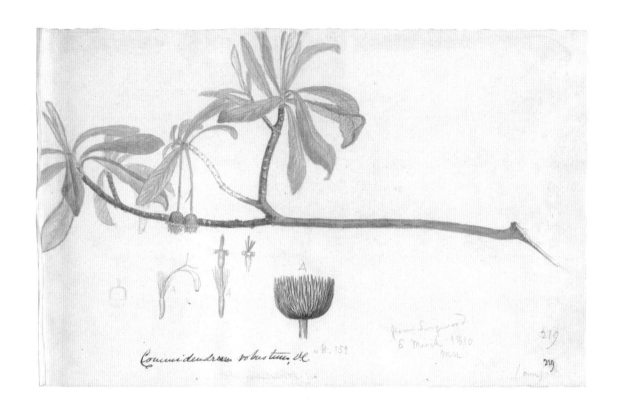

Commidendrum robustum, DC. * H. 158   from Sugarwood 8 March 1810 mm   219   219

세인트헬레나 내셔널 트러스트가 주도하고 주민 공동체가 후원하는 밀레니엄 숲 프로젝트가 특히 중요한 의제가 되었다. 2000년부터 35헥타르에 걸쳐 약 10,000그루의 나무가 심어졌으며, 한때 그레이트 우드(Great Wood)로 알려졌다가 1659년에 도착한 초기 이주민들에 의해 완전히 황폐화된 부지가 재조림되었다. 총 250헥타르의 땅이 이 고무나무와 다른 멸종 위기 나무의 재조림을 위해 확보되었으며, 이 부지에 55,000그루의 나무가 추가로 심어질 것으로 추정된다. 자원봉사자들과 세인트헬레나 정부, 큐 왕립식물원의 도움으로 세인트헬레나 내셔널 트러스트는 더 많은 섬 고유종을 재배하고 다시 심기 위해 노력하고 있다. 그에 더해, 세인트헬레나 고무나무의 생존 보장을 위해 종자를 종자은행에 보관하고 있으며, 온라인 식물 표본집을 만들어 학술연구를 돕고 있다.

세인트헬레나 식물군의 개발과 파괴의 역사가 많은 섬에서 똑같이 반복되고 있다. 하지만 수백 만년을 거치며 진화해 온 종의 손실이 불가피한 것만은 아니다. 세인트헬레나 섬의 사례는 헌신적이고 열정적인 사람들이 자연의 순리를 뒤집고 특별한 나무의 생존을 지켜주기 위해 어떤 노력을 할 수 있는지를 보여주는 또 하나의 긍정적인 사례다.

카페 마론
Café marron

Ramosmania rodriguesi

영감을 주는 스승이 세상을 바꿀 수 있다는 증거가 필요하다면 카페 마론 나무(*Ramosmania rodriguesi*) 이야기가 그 증거가 될 것이다. 인도양, 마스카렌 제도에 위치한 작은 섬, 로드리게스에서만 발견되는 이 종은 어떤 식물 조사에도 보고된 적이 없었기 때문에 수십 년간 멸종된 것으로 여겨졌다. 그러던 1984년, 학교 선생님인 레이먼드 아키(Raymond A-Keeh)가 자신의 학생들에게 식물 채집을 통해 섬의 토착종을 발견할 수 있는지 근처로 나가 찾아보라고 권유했다. 헤들리 마난이라는 한 학생이 샘플 하나를 가지고 돌아왔는데, 후에 이 샘플의 출처가 멸종된 것으로 추정되던 카페 마론의 단 하나 남은 표본으로 확인되면서 모두를 놀라게 했다. 높이는 2~4m에 불과하지만, 카리스마를 풍기는 이 작은 나무는 미성목일 때와 성목일 때의 모습이 확연히 다르다(다른 모양의 잎을 가진 식물). 어린나무는 최대 30cm 길이의 길쭉한 선형 잎을 가지고 있는데, 짙은 갈색, 검은색, 진홍색의 얼룩이 져 있고, 중간에 분홍빛이 도는 줄무늬가 나 있다. 나무의 잎이 이와 같은 천연색을 갖게 된 것은, 지금은 멸종한 거대 육지 거북과 도도새를 닮은 로드리게스 솔리테어(도도새를 닮은 날지 못하는 새) 등의 초식동물로부터 눈에 띄지 않도록 진화한 결과로 보인다. 나무가 1~1.5m 정도로 자라면 잎은 좀 더 짧고 광택이 나는 짙은 녹색의 타원형으로 변하며 두 개씩 마주난다. 별처럼 생긴 흰색의 예쁜 꽃이 수나무에서는 꽃차례로, 암나무에서는 단독으로 피어난다.

유일하게 생존해 있던 야생의 카페 마론이 도로 가까이에서 자라고 있는 데다 현지에서 숙취 해소제로 인기가 많았기 때문에, 곧바로 울타리를 쳐서 나무를 보호하였다. 1986년 나무에서 잘라낸 가지들이 큐 왕립식물원의 전문 묘목장과 미세번식 부서로 보내졌다. 그중 하나가 뿌리를 내리는 데 성공하여 묘목장에서 재배되었으며, 잇따른 가지치기를 통해 소규모의 건강한 복제 개체군이 형성되었다. 마침내 나무들이 꽃을 피우기 시작했지만, 수년 동안 큐

성숙한 카페 마론 나무의 타원형 잎은 짙은 녹색에 광택을 띤다. 멸종 위기에 처한 이 나무의 별처럼 생긴 흰색 꽃을 돋보이게 해주는 완벽한 장식물이다. 잎을 말린 표본이 큐 왕립식물원 식물 표본집에 담겨 있다.

멸종 위기

의 관계자들은 이 꽃을 어떻게 수분해야 하는지, 그리고 나무의 미래를 위해 중대한 사안인 생장 가능한 종자를 어떻게 생산해야 하는지 알아내지 못했다. 그러나 카를로스 막달레나(Carlos Magdalena)가 개입하면서 상황이 바뀌었다. 그는 큐 왕립식물원의 헌신적인 원예가로, 야생에서 생존 가능성이 거의 없어 '산송장' 취급을 받는 식물 종을 살려내는 것으로 명성이 높다. 멸종 위기종 다수를 살려낸 그에게 '식물계의 메시아'라는 호칭마저 생겼을 정도다.

2003년, 카를로스는 카페 마론을 수분하기 위해 어떤 조건이 필요한지 연구하기 시작했고 곧 씨앗을 맺는 데 성공했다. 그는 더 높은 온도와 더 높은 조도가 해답이라는 것을 알아냈고, 정성을 들인 인공수분을 통해 마침내 씨앗이 든 열매를 키워냈다. 건강한 묘목들이 자라기 시작했고 어린 카페 마론 나무에서 보이는 독특한 잎 모양이 뚜렷이 나타났으며, 나중에 수나무와 암나무에서도 서로 다른 꽃이 피었다. 수꽃과 암꽃을 이용한 타가 수분은 훨씬 더 건강한 새 세대를 생산해냈다. 약 50그루의 묘목이 정성스럽게 재배되었으며 그중 많은 나무가 로드리게스 섬으로 성공적으로 송환되었다. 카페 마론의 이야기는 섬 식물의 취약성을 여실히 보여준다. 하지만 이제는 멸종 위기 직전에서 구제되었으니, 카페 마론이 작은 고향 섬에서 다시 한번 자유롭게 자랄 수 있기를 바란다.

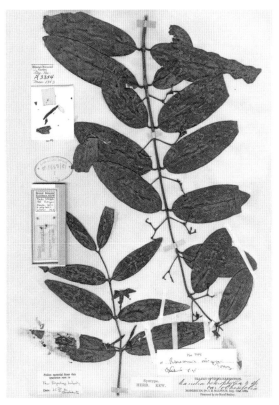

나한송
Tōtara

Podocarpus totara

════════

나한송은 나한송과(Podocarpaceae)로 알려진 고대 구과 식물로 이 나무의 기원은 수백만 년 전 남반구를 차지했던 초대륙, 곤드와나(Gondwana) 대륙으로 거슬러 올라간다. 곤드와나 대륙이 갈라져 서서히 떨어지면서 나한송은 다른 종들과 함께 변화하고 진화하기 시작하였고, 오늘날 이 과에 속하는 나무들은 남반구 대륙 전역에서 여전히 자라고 있다. 뉴질랜드에는 나한송으로 불리는 13종의 나무들이 있는데, 그중 가장 많이 알려진 나무는 리무, 카히카테아, 미로, 마타이, 토타라 같은 마오리어 이름을 가지고 있다. 토타라는 사실상 *Podocarpus*속에 포함되는 네 개의 서로 다른 종을 하나로 묶는 이름이다. 나한송류로 불리는 나무들은 한때 섬 전역의 광활한 원시림에서 함께 자랐다.

나한송류 가운데 가장 좋은 평가를 받는 것 중 하나는 나한송(*Podocarpus totara*)이다. 뉴질랜드 고유종인 이 나무는 남섬 일부 지역과 북섬에서 야생으로 자란다. 비옥한 저지대에서는 40m 이상 자라기도 하는 이 침엽수는 독특한 모습을 하고 있다. 길쭉하고 납작한 잎은 뻣뻣하고 질기며, 두껍고 거칠고 불그스레한 껍질이 조각조각 떨어져 나와 몸통이 울퉁불퉁하고 골이 패어 있다. 나한송 종은 수나무와 암나무가 구분되어 있어서(자웅 이체), 수나무는 꽃가루가 든 꽃차례를 만들고, 암나무는 장과처럼 생긴 빨간색과 초록색의 다육질 솔방울 맺는다. 이 솔방울은 장과 비슷하게 생겼으며 먹을 수 있다.

성장이 느린 이 숲의 거목은 그 용도가 매우 다양하다. 양질의 목재는 카우리나무(202페이지)와 함께 마오리족으로부터 다른 어떤 나무들보다 높이 평가된다. 목재는 가볍고, 단단하며, 내구성이 뛰어나고 잘 썩지도 않는다. 그에 더해 다루기가 쉽고 적갈색을 띠는 빛깔 덕분에 무엇을 만들더라도 보기 좋고 촉감도 좋다. 나한송은 주택, 가구, 연장, 무기, 악기를 만드는 데 사용되었지만 가장 특별했던 것은 카누(와카)였다. 단단한 나한송의 심재는 와카

고대 고유종인 이 침엽수는 최대 40m까지도 자랄 수 있으며 뉴질랜드 천연림의 핵심 요소다.

멸종 위기

맞은편 나한송(토타라)의 목재는 다루기가 쉬워 마오리족의 조각품에 이용되었다. 그중에는 이 그림 속에 있는 탈과 다른 물건들도 포함된다. 그림은 제임스 쿡의 인데버 호 항해에 함께했던 화가 시드니 파킨슨이 그린 것이다.

아래 최대 규모로 만들면 100명까지도 태울 수 있었던 특별한 전투용 카누인 와카는 토타라 심재로 제작되었다. 아래는 아우구스투스 얼(Augustus Earle)의 석판화로, 마오리 족장이 해변에 정박된 카누에서 전사들에게 무언가를 이야기하고 있다.

(waka)에 특히 적합했고, 와카는 다양한 크기로 제작되었다. 최대 규모로 만들면 100명까지도 탈 수 있었던 와카는 가장 용맹한 전사들을 태우는 특별한 전투용 카누였다. 나한송은 마오리족 문화와 밀접한 관계를 맺게 되었고, 목재는 공들여 장식한 아름다운 조각품을 만드는 데 널리 사용되었다. 오늘날에도 마오리족은 이 조각을 이용하여 자신들의 조상과 역사에 대해 이야기하며, 때로는 보호용으로 사용하기도 한다. 마오리족의 조각품은 폴리네시아 기원에서 발달하여, 시간이 흐르면서 매우 독특한 특징을 갖게 되었고, 다양한 조각 양식이 뉴질랜드의 여러 지역에서 발달하였다. 조각가는 마오리족 공동체에서 매우 존경받는 일원이 되었고, 이들의 조각품은 오늘날 마오리족의 정체성과 깊은 관련이 있다.

마오리족의 전통의학에서 나한송의 용도는 껍질을 태워 그 연기로 피부 질환과 성병을 치료하거나, 잎을 우려내어 배탈을 낫게 하고, 내피를 끓여 열병을 내리는 약제를 만드는 것이었다. 나한송의 심재는 토타롤이라는 화합물을 함유하고 있는데, 목재가 잘 썩지 않는 이유가 바로 이 물질 때문이다. 연구를 통해 토타롤에 항균 성질이 있다는 것이 알려지면서 여러 가능성이 드러났으니 의학에서뿐만 아니라 화장품과 구강용품에도 사용할 수 있을지 모른다.

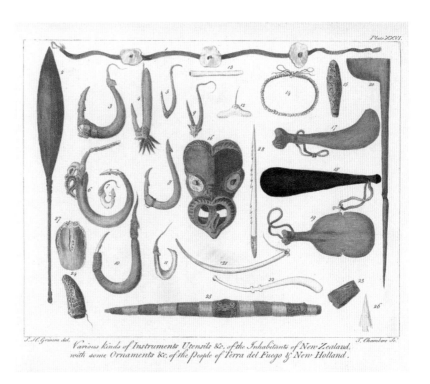

Various kinds of Instruments Utensils &c. of the Inhabitants of New Zealand,
with some Orniaments &c. of the People of Terra del Fuego & New Holland.

　　나한송 나무는 뉴질랜드에 정착한 유럽 이주민들에 의해 한때 광범위하게 벌목되었다. 이들은 마오리족과 같은 용도 외에도 철도 침목, 항만 구축물, 특히 울타리 기둥 용도로 나무의 목재를 높게 평가했다. 건축과 농경을 위한 산림 파괴로 나한송 숲은 현저하게 줄어들었고 나무는 현재 법에 의해 보호받고 있다. 보호구역 밖에서 발견된 이미 베어진 나무만 목재나 조각용으로 사용할 수 있다. 토타라는 성장이 느리지만 비교적 쉽게 번식하고 1,000살까지도 살 수 있다. 킹 컨트리(King Country)에서 자라고 있는 포우아카니(Pouakani)라는 나무는 높이가 40m나 되며 나이는 1,800살인 것으로 유명하다.

　　오늘날, 나한송 나무를 비롯한 다수의 도금양과 종이 바람을 타고 전염되는 도금양 녹병 때문에 새로운 위협에 직면해 있다. 이 병은 브라질에서 시작되어 태평양을 건너 2017년 뉴질랜드에 도착하였고, 현재 뉴질랜드와 다른 많은 국가에서 자라고 있는 수많은 고유종의 생존을 위협하고 있다. 뉴질랜드는 큐 왕립식물원 밀레니엄 종자 은행과의 파트너십을 통해 이 멸종 위기종의 종자를 가능한 많이 확보하기 위해 노력하고 있다. 토타라의 장기간 생존을 위한 일종의 보험 정책인 셈이다. 한때 길쭉한 뉴질랜드 땅을 뒤덮었던 고대 숲의 유물들이 지금 되살아나고 있다. 고대 혈통을 가지고 토착 문화와 밀접하게 얽힌 이 상징적인 나무가 다시 한번 번성할지 모를 일이다.

Aughton, Peter, *Endeavour, The Story of Captain Cook's First Great Epic Voyage* (London: Cassell, 2002)

Ashburner, Kenneth and Hugh McAllister, *The Genus Betula, A Taxonomic Revision of Birches* (Richmond: Kew Publishing, 2016)

Bail, Murray, *Eucalyptus* (London: Vintage Publishing, 1998)

Bain, Donald, *Explore the Methuselah Grove* (Nova Online, 2001)

Barwick, Margaret, *Tropical and Subtropical Trees. A Worldwide Encyclopaedic Guide* (Portland, OR: Timber Press/London: Thames & Hudson, 2004)

Bean, William Jackson, *Trees and Shrubs Hardy in the British Isles* (London: John Murray, 1950)

Bowett, Adam, *Woods in British Furniture-making 1400–1900, An Illustrated Historical Dictionary* (Wetherby: Oblong Creative Ltd/ RBG Kew, 2012)

Briggs, Gertrude, *A Brief History of Trees* (London: Max Press, 2016)

Brooker, Ian and David Kleinig, *Eucalyptus: An Illustrated Guide to Identification* (Chatswood, NSW: New Holland Publishers, 2012)

Brooker, Ian and David Kleinig, *Field Guide to the Eucalypts, Vol.1 South-eastern Australia* (Melbourne and Sydney: Bloomings Books, 1999)

Buchholz, J. T., 'The Distribution, Morphology and Classification of Taiwania' (Cupressaceae): An Unpublished Manuscript (1941)', *Taiwania International Journal of Life Sciences*, 58 (2), 2013, 85–103

Bynum, Helen and William, *Remarkable Plants That Shape Our World* (London: Thames & Hudson/Chicago: University of Chicago Press, 2014)

Carey, Frances, *The Tree: Meaning and Myth* (London: British Museum Press, 2012)

Christenhusz, M., M. Fay, and M. Chase, *Plants of the World* (Richmond: Kew Publishing/Chicago: University of Chicago Press, 2017)

Crane, Peter, *Ginkgo* (New Haven and London: Yale University Press, 2013)

Davidson, Alan, *The Oxford Companion to Food* (Oxford: Oxford University Press, 2006)

Desmond, Ray, *The History of the Royal Botanic Gardens, Kew* (Richmond: Kew Publishing, 2007)

Dirr, Michael, *Manual of Woody Landscape Plants* (Champaign, IL: Stipes Publishing Company, 1990)

Dransfield, John, N. W. Uhl, and C. B. Amundson, *Genera Palmarum: The Evolution and Classification of Palms* (Richmond: Kew Publishing (2nd ed., 2008)

Drori, Jon, *Around the World in 80 Trees* (London: Lawrence King Publishing, 2018)

Evarts, John and Marjorie Popper (eds), *Coast Redwood: A Natural and Cultural History* (Los Olivos, CA: Cachuma Press, 2001, revised 2011)

Farjon, Aljos, *World Checklist and Bibliography of Conifers* (Richmond: Kew Publishing, 2001)

Farjon, Aljos, *A Natural History of Conifers* (Portland, OR: Timber Press, 2008)

Farjon, Aljos,:*Ancient Oaks in the English Landscape* (Richmond: Kew Publishing, 2017)

Flanagan, Mark and Tony Kirkham, *Wilson's China: A Century On* (Richmond: Kew Publishing, 2009)

Flanagan, Mark and Tony Kirkham, *Plants from the Edge of the World: New Explorations in the Far East* (Portland, OR: Timber Press, 2005)

Fry, Carolyn, *The Plant Hunters: The Adventures of the World's Greatest Botanical Explorers* (London: Andre Deutsch, 2017)

Fry, Janis, *The God Tree* (Milverton: Capall Bann Publishing, 2012)

Gardner, Martin, Paulina Hechenleitner Vega and Josefina Hepp Castillo, *Plants from the Woods and Forests of Chile* (Edinburgh: Royal Botanic Garden, Edinburgh, 2015)

Gittlen, William, *Discovered Alive: The Story of the Chinese Redwood* (Berkeley, CA: Pierside Publishing, 1999)

Grant, Michael C., *The Trembling Giant, Discover Magazine*, October 1993

Grimshaw, John, 'Tree of the Year: *Taiwania Cryptomerioides*', International Dendrology Society Yearbook 2010, 24–57

Grimshaw, John and Ross Bayton, *New Trees: Recent Introductions to Cultivation* (Richmond: Kew Publishing, 2009

Hageneder, Fred, *Yew: A History* (Stroud: Sutton Publishing, 2007)

Hall, Tony, *The Immortal Yew* (Richmond: Kew Publishing, 2018)

Harkup, Kathryn, *A is for Arsenic: The Poisons of Agatha Christie* (London: Bloomsbury, 2016)

Harmer, Ralph, *Restoration of Neglected Hazel Coppice* (Forest Research Information Note, 2004)

Harrison, Christina and Lauren Gardiner, *Bizarre Botany* (Richmond: Kew Publishing, 2016)

Harrison, Christina, Martyn Rix, and Masumi Yamanaka, *Treasured Trees* (Richmond: Kew Publishing, 2015)

Hillier, John, *The Hillier Manual of Trees and Shrubs* (Newton Abbott: David & Charles, 1998)

Hogarth, Peter J., *The Biology of Mangroves and Seagrasses* (Oxford: Oxford University Press, 3rd ed., 2015)

Honigsbaum, Mark, *The Fever Trail. In Search of the Cure for Malaria* (London: Macmillan, 2001/ New York: Farrar, Straus & Giroux, 2002)

Johnson, Owen, *Tree Register of the British Isles TROBI* (London: Kew Publishing, 2003)

Johnson, Owen, *Arboretum: A History of the Trees Grown in Britain and Ireland* (Stansted: Whittet Books, 2015)

Lancaster, Roy, *The Hillier Manual of Trees and Shrubs* (London: Royal Horticultural Society, 8th ed., 2014)

Lanner, Ronald M., *Conifers of California* (Los Olivos, CA: Cachuma Press, 2002)

Lewington, Anna and Edward Parker, *Ancient Trees: Trees that Live for a Thousand Years* (London: Batsford, in association with RBG Kew, 2012)

Lonsdale, David, *Ancient and Other Veteran Trees: Further Guidance on Management* (London: The Tree Council, 2013)

Lyle, Susanna, *Vegetables, Herbs and Spices* (London: Frances Lincoln, 2009)

McNamara, William A., 'Three conifers south of the Yangtze' (Quarryhill Botanical Garden, 2005; http://www.quarryhillbg.org/page16.html. Accessed 19 February 2019)

Magdalena, Carlos, *The Plant Messiah. Adventures in Search of the World's Rarest Species* (London: Viking, 2017)

Manniche, Lise, *An Ancient Egyptian Herbal* (London: British Museum Press, 2006)

Miles, Archie, *The British Oak* (London: Constable, 2013)

Milton, Giles, *Nathaniel's Nutmeg: How One Man's Courage Changed the Course of History* (London: Hodder & Stoughton/ New York: Farrar, Straus & Giroux, 1999)

Mills, Christopher (ed.), *The Botanical Treasury* (Andre Deutsch in association with RBG Kew, 2016)

Mitchell, Alan, *Alan Mitchell's Trees of Britain* (London: Collins, 1996)

Mortimer, J. and B., *Trees and Their Bark* (Hamilton, NZ: Taitua Books, 2004)

Musgrave, Toby, Chris Gardiner and Will Musgrave, *The Plant Hunters, Two Hundred Years of Adventure and Discovery Around the World* (London: Seven Dials, 2000)

Preston, Richard, *The Wild Trees* (London: Penguin/New York: Random House, 2007)

Rix, Martyn and Roger Phillips, *The Botanical Garden, Volume 1 Trees and Shrubs* (London: Macmillan, 2002)

Short, Philip, *In Pursuit of Plants: Experiences of Nineteenth & Early Twentieth Century Plant Collectors* (Portland, OR: Timber Press, 2004)

Sibley, David Allen, *The Sibley Guide to Trees* (New York: Knopf Doubleday Publishing Group, 2009)

Spongberg, Stephen, *A Reunion of Trees: The Discovery of Exotic Plants and Their Introduction into North American and European Landscapes* (Cambridge, MA: Harvard University Press, 1990)

Smith, Paul (ed.), *The Book of Seeds: A Life-Size Guide to Six Hundred Species from Around the World* (London: Ivy Press, 2018)

Stafford, Fiona, *The Long, Long Life of Trees* (New Haven and London: Yale University Press, 2017)

Stewart, Amy. 2010: *Wicked Plants – the A-Z of plants that kill, main, intoxicate and otherwise offend*, Timber Press.

Stokes, Jon and Donald Rodger, *The Heritage Trees of Britain & Northern Ireland* (London: Constable with The Tree Council, 2004)

Tomlinson, P. B., *The Botany of Mangroves* (Cambridge and New York: Cambridge University Press, 2nd ed., 2016)

Vaughn, Bill, *Hawthorn: The Tree That Has Nourished, Healed and Inspired Through the Ages* (New Haven and London: Yale University Press, 2015)

Van Pelt, Robert, *Forest Giants of the Pacific Coast* (Seattle: University of Washington Press, 2002)

White, Lydia and Peter Gasson, *Mahogany* (Richmond: Kew Publishing, 2008)

Woodford, James, *The Wollemi Pine: The Incredible Discovery of a Living Fossil from the Age of the Dinosaurs* (Melbourne: The Text Publishing Company, 2005)

Willis, Kathy and Carolyn Fry, *Plants: From Roots to Riches* (London: John Murray, 2014)

그림 출처

찾아보기